浙江省普通高校"十三五"新形态教材

信息安全管理实务

吕韩飞　倪祥焕　主　编

诸邵忆　杨如意　姜高聪　徐　晶　副主编

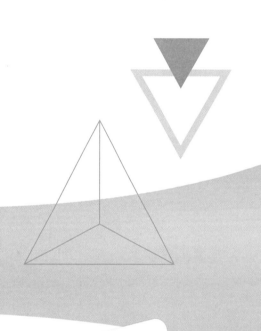

大连理工大学出版社

图书在版编目(CIP)数据

信息安全管理实务 / 吕韩飞, 倪祥焕主编 . -- 大连:
大连理工大学出版社, 2023.12
新世纪高等职业教育信息安全技术应用专业系列规划
·教材
ISBN 978-7-5685-4722-2

Ⅰ.①信… Ⅱ.①吕… ②倪… Ⅲ.①信息系统—安
全管理—高等职业教育—教材 Ⅳ.①TP309

中国国家版本馆CIP数据核字(2023)第198192号

大连理工大学出版社出版

地址:大连市软件园路80号　邮政编码:116023
发行:0411-84708842　邮购:0411-84708943　传真:0411-84701466
E-mail:dutp@dutp.cn　URL:https://www.dutp.cn

大连图腾彩色印刷有限公司印刷　　　　大连理工大学出版社发行

幅面尺寸:185mm×260mm　　　印张:12.25　　　字数:283千字
2023年12月第1版　　　　　　　　　2023年12月第1次印刷

责任编辑:马　双　　　　　　　　　　　责任校对:李　红
封面设计:对岸书影

ISBN 978-7-5685-4722-2　　　　　　　　　　定　价:41.80元

前言

　　《信息安全管理实务》是浙江省普通高校"十三五"新形态教材。

　　本教材选用网络安全等级保护、信息安全风险评估、信息安全教育与培训等方法进行网络与信息系统安全的建设与管理。全书共构建了7个学习单元,并按照网络与信息系统安全建设与管理工作流程确定学习单元次序。

　　学习单元1:信息安全管理概述。说明信息安全管理工作的重要性和必要性,并阐述本教材为什么选用网络安全等级保护、信息安全风险评估、信息安全教育与培训等方法进行网络与信息系统安全的建设与管理工作。

　　学习单元2:网络安全等级保护相关知识。主要包括网络安全等级保护概述;网络安全等级保护发展历程;网络安全等级保护相关法律法规;网络安全等级保护相关标准;网络安全等级保护实施流程。

　　学习单元3:网络安全等级保护——定级备案。用实例分析网络与信息系统的定级备案工作。

　　学习单元4:网络安全等级保护——建设整改。结合等级保护差距分析结果,从技术和管理两个角度,用实例分析网络与信息系统的建设整改工作。

　　学习单元5:网络安全等级保护——等级测评。从技术和管理两个角度,用实例分析第三方测评机构如何开展测评。

　　学习单元6:信息安全风险评估。用实例分析网络与信息系统各类资产识别与赋值、威胁识别与赋值、安全措施识别与赋值、脆弱性识别与赋值、风险分析、风险评价和风险处置等工作。

　　学习单元7:信息安全教育与培训。从员工信息安全意识教育与安全管理制度宣贯两个案例,分析教育方案的制定与教育方法的选择等。

　　本教材的编写特点如下:

　　1.教材内容编排采用理论与实践相结合的方式。教材分为概述篇(学习单元1)、理论篇(学习单元2)和实务篇(学习单元3~7),按照高等职业教育"理论够用、注重实践"的原则确定内容。其中,实务篇中的案例根据实际项目改写,按照项目实际流程进行编排。

　　2.教材内容实现"岗课赛证"全面融合。教材从信息安全管理岗位——网络与信息系统安全建设、网络安全等级保护、信息安全风险评估、信息安全教育与培训等核心任务出发,对接专业教学标准,结合全国职业院校技能大赛(高职组)信息安全管理与评估赛项、1+X网络安全评估职业技能等级证书及网络安全等级保护测评师证书考点选取教材内容,实现了教材内容"岗课赛证"全面融合。

3.教材案例紧跟"技术趋势"新发展。教材结合网络安全强国、数字中国建设新要求,等级保护系列国家新标准,选取使用云技术部署的网络与信息系统作为案例,紧跟"云物大智移"等前沿信息技术应用的发展变化进行编写。

4.教材中融入"红黄蓝绿"四色思政元素。教材以"审思明辨、笃行致远"为逻辑主线来营造思政熏陶氛围,每个学习单元配有与学习主题相契合且充分体现"党的二十大精神、职业理想追求、知法懂法守法、工匠精神态度、沟通协作能力"的"红黄蓝绿"四色思政元素,并通过"诗句开篇""过程思考""拓展阅读"三步走的方式循序渐进地融入,帮助学生在学习信息安全技术知识的同时,潜移默化地增强政治认同和道路自信,树立健全健康的职业观,弘扬工匠精神和职业道德。

5.教材提供丰富的数字化教学资源。教材提供了课程标准(教学大纲)、教学课件、教学视频、项目习作参考答案、相关职业技能等级证书和等级保护测评师证书的相关说明。

本教材编写人员由来自学校方的吕韩飞、诸邵忆、徐晶和企业方的倪祥焕、杨如意、姜高聪组成。编写分工如下:吕韩飞负责教材大纲、学习单元1的编写及全书统稿和审核修订,倪祥焕负责学习单元2的编写、全书统稿和审核修订,杨如意负责教材大纲修订、学习单元3、学习单元5的编写,姜高聪负责学习单元4和学习单元6的编写,徐晶负责全书课程思政架构设计、思政资源收集和学习单元7的编写,诸邵忆负责学习单元1、学习单元4和学习单元6的修订和全书统稿工作。

本教材可作为高等职业院校信息安全技术应用、司法信息安全、云计算技术与应用、大数据技术与应用、物联网应用技术、计算机应用技术、软件技术、密码技术应用等信息安全类和计算机类专业学生的信息安全管理教材,也可供从事网络安全等级保护、信息安全管理和维护等工程技术人员使用,同时还可作为信息安全爱好者的自学读本或网络安全等级保护培训班的培训教材。

由于编者的水平有限,书中难免还有疏漏之处,恳请读者批评指正,不吝赐教。

编 者

2023年12月

所有意见和建议请发往:dutpgz@163.com

欢迎访问我们的网站:https://www.dutp.cn/sve/

联系电话:0411-84707492 84706671

目 录

微课资源展示

信息系统
安全风险

信息安全管理
常见做法及思路

等保概述体系
发展背景

等保发展
历程1

等保发展
历程2

等保相关法律
法规及标准

等保实施流程-
定级与备案

等保实施流程-
等保测评

等保实施流程-
建设整改-总体
安全规划

等保实施流程-
建设整改-安全
设计与实施

等保实施流程-
监督检查

任务概况与
调研分析

初步确定等级

定级评审和备案

等级保护建设
目标及环节简介

安全技术
差距分析

安全技术需求

安全技术体系
设计1

安全技术体系
设计2

安全技术整改

安全管理整改

测评准备活动

测评方案
编制活动

现场测评活动

测评报告编制

风险评估简介
及项目概述

风险评估准备

风险识别-
资产识别

风险识别-
威胁识别

风险识别-
脆弱性识别

风险分析

风险评价及处置

信息安全教育
计划制定-了解
听众情况

信息安全教育
计划制定-制定
教育内容

信息安全教育
计划制定-选择
教育方法

安全管理
制度宣贯

学习单元1
信息安全管理概述

"山河已无恙，吾辈当自强"，前句出自《楚辞》，后句出自汪洙《神童诗》。

知识目标

◆ 了解：网络信息系统面临的各层各类风险。
◆ 熟知：信息安全管理常见做法。
◆ 掌握：本教材采用的信息安全管理方法及原因。

素质目标

◆ 通过讲解信息系统面临的各种风险，让学生意识到信息安全的重要性，培养学生在信息安全问题上要有未雨绸缪、居安思危的意识。
◆ 通过在众多信息安全管理方法中选择最适合的方法，训练学生多中择优的思维方法，培养学生敢于思辨的素养。
◆ 通过讲解我国信息安全的自强之路、网络与信息安全相关的二十大精神等内容，使学生了解国家对网络与信息安全的重视程度，培养学生强烈的家国情怀和责任担当。

1.1 引言

2022年7月21日,针对网约车巨头滴滴公司违法收集用户手机相册中的截图信息,过度收集用户剪切板信息、应用列表信息、乘客人脸识别信息等16项违法事实,国家互联网信息办公室依据《中华人民共和国网络安全法》《中华人民共和国数据安全法》《中华人民共和国个人信息保护法》《中华人民共和国行政处罚法》等法律法规,对其处人民币80.26亿元罚款。

2022年4月28日,北京健康宝在使用高峰期间,遭受网络攻击。经初步分析,网络攻击源头来自境外。北京健康宝保障团队进行了及时有效应对,受攻击期间北京健康宝相关服务未受影响。在北京冬奥会、冬残奥会期间北京健康宝也曾遭受过类似网络攻击,均得到了有效处置。

以上是2022年我国发生的2起有较大影响的信息安全事件。随着国家数字化转型的不断深入,信息安全的重要性日益突出。与此同时,防火墙、漏洞扫描、病毒防治、数据加密、身份认证等各种信息安全技术和产品的不断涌现,容易给人们造成一种错觉,似乎足够的安全技术和产品就能够完全确保网络和信息系统的安全。其实不然,一方面,许多安全技术和产品远远没有达到人们需要的水准。例如,微软的Windows、IBM的AIX等常见的企业级操作系统,不断地被发现存在安全漏洞,而且核心技术和知识产权都是国外的,不能满足我国涉密网络和信息系统或商业敏感网络和信息系统的安全需求。另一方面,即使某些安全技术和产品在指标上达到了实际应用的安全需求,如果配置和管理不当,还是不能真正地发挥作用。例如,即使在网络边界部署了防火墙,但出于风险分析欠缺、系统管理人员经验不足等原因,防火墙的配置若出现严重漏洞,其安全功效将大打折扣。再如,虽然引入了身份认证机制,但由于用户安全意识薄弱,再加上管理不严,使得口令设置或保存不当,造成口令泄漏,那么依靠口令检查的身份认证机制就会完全失效。

国产操作系统的自主进程,大国信息安全的自强之路

上述这些事实告诉我们,仅靠技术不能获得整体的信息安全,需要有效的安全管理来支持和补充,才能确保技术发挥其应有的安全作用。"三分技术,七分管理"这个在其他领域总结出来的实践经验和原则,在信息领域同样适用。

1.2 基本概念

1.2.1 信息安全

信息安全是指采取措施保护信息网络的硬件、软件及其系统中的数据,使之不因偶然的

或者恶意的原因而遭受破坏、更改、泄露,保证网络和信息系统能够连续、可靠、正常地运行。

信息安全是一门涉及网络技术、数据库技术、密码技术、信息安全技术、通信技术、应用数学、信息论等多种学科的综合性学科。

信息安全包括的范围很广,包括从国家军事、政治等机密安全,到防范青少年对不良信息的浏览以及个人信息的泄露等。

1.2.2 信息安全管理

信息安全管理是通过维护信息的机密性、完整性和可用性等来管理和保护信息资产的安全与业务持续性的一项体制,是对信息安全保障进行指导、规范和管理的一系列活动和过程。

信息安全管理是信息安全保障体系建设的重要组成部分,对于保护信息资产、降低信息系统安全风险、指导信息安全体系建设具有重要作用。

信息安全管理涉及信息安全的各个方面,包括制定信息安全法律法规、制定政策标准、评估风险、选择控制目标与方式、制定规范的操作流程、对人员进行安全意识培训等一系列工作。

1.3 信息系统的安全威胁

信息系统的安全威胁包括物理层安全风险、网络层安全风险、操作系统层安全风险、应用层安全风险、管理层安全风险。

信息系统安全风险

1.3.1 物理层安全风险

物理层安全包括通信线路的安全、物理设备的安全、机房的安全等,主要体现在通信线路的可靠性(线路备份、网管软件、传输介质),软硬件设备的安全性(替换设备、拆卸设备、增加设备),设备的备份,防灾害、防干扰能力,设备的运行环境(温度、湿度、烟尘),不间断电源保障等。

具体地说,物理层安全风险主要包括以下几个方面:

1. 地震、水灾、火灾等环境事故造成的设备损坏;
2. 电源故障造成设备断电,导致的操作系统引导失败或数据库信息丢失;
3. 设备被盗、被毁造成的数据丢失或信息泄露;
4. 电磁辐射可能造成的数据信息被窃取或偷阅;
5. 监控和报警系统的缺乏或者管理不善造成的原本可以防止的事故。

1.3.2 网络层安全风险

网络层安全主要体现为网络方面的安全性,包括网络层身份认证、网络资源的访问控制、数据传输的保密与完整性、远程接入的安全、域名系统的安全、路由系统的安全,入侵检测的手段、网络设施防病毒等。网络层常见的安全系统有防火墙系统、入侵检测系统、VPN系统、网络蜜罐等。

网络层安全风险主要包括以下几个方面。

1.数据传输风险

数据在传输过程中,线路搭载、链路窃听可能造成数据被截获、窃听、篡改和破坏,数据的机密性、完整性无法保证。

2.网络边界风险

如果在网络边界上没有强有力的控制,外部黑客就有可能入侵内部网络,从而获取各种数据和信息,泄露问题就无法避免。

3.网络服务风险

一些信息平台运行WEB服务、数据库服务时,如不加以防范,各种网络攻击可能对业务系统造成干扰、破坏,如最常见的拒绝服务攻击DOS、DDOS。

1.3.3 操作系统层安全风险

操作系统层安全风险主要表现在三方面,一是操作系统本身的缺陷带来的不安全因素,主要包括身份认证、访问控制、系统漏洞等;二是操作系统的安全配置问题;三是病毒对操作系统的威胁,病毒大多利用操作系统本身的漏洞,通过网络迅速传播。

1.3.4 应用层安全风险

应用层安全主要考虑所采用的应用软件和业务数据的安全性,包括数据库软件、WEB服务、电子邮件系统等。此外,还包括病毒对系统的威胁,因此要使用防病毒软件。

应用层安全风险主要包括以下几个方面。

1.业务服务安全风险

在信息系统上运行着用于业务数据交互和信息服务的重要应用服务,如果不加以安全保护,这些服务将不可避免地会遭受来自网络的威胁、入侵,病毒的破坏,以及数据的泄露。

2.数据库服务器安全风险

信息系统通常需要数据库服务器提供业务服务,数据库服务器的安全风险包括:

(1)非授权用户的访问或通过口令猜测获得系统管理员权限;

(2)数据库服务器本身存在漏洞容易受到攻击;

(3)数据库由于意外而导致数据错误或者不可恢复等。

3.信息系统访问控制风险

对于信息系统来说,在没有任何访问控制的情况下,非法用户的非法访问可能给信息系统造成严重的干扰和破坏。因此,要采取一定的访问控制手段,防范来自非法用户的攻击,这样才能保证合法用户访问合法资源,防范以下风险:

(1)非法用户非法访问;

(2)合法用户非授权访问;

（3）假冒合法用户非法访问。

1.3.5　管理层安全风险

管理层安全是网络安全得到保证的重要组成部分,是防止来自内部网络入侵必须的部分。责权不明、管理混乱、安全管理制度不健全以及缺乏可操作性等都可能带来管理层的安全风险。

信息系统从数据的安全性、业务服务的保障性和系统维护的规范性等角度来看,都需要严格的安全管理制度,并从业务服务的运营维护和更新升级等层面加强安全管理能力。

1.4　信息安全管理的思路

信息安全管理常见
做法及思路

我国的信息安全管理以网络安全等级保护制度为主线,重视技术,突出管理。

1.4.1　技术角度

目前常用的信息安全技术和信息安全产品种类繁多,包括防火墙、入侵检测、WEB防御、数据库审计、漏洞扫描、防病毒系统、CA、网络准入系统等。在网络和信息系统中,不必要也不可能使用所有的信息安全技术,实际应用中在选择上要遵循以下原则。

1.策略指导原则

所有的信息安全管理活动都应该在统一的策略指导下进行。应按照等级保护的要求,不同等级的系统使用不同的安全技术手段。

2.适度安全原则

要平衡安全控制的费用与风险造成的损失,注重实效,将风险降至用户可接受的程度即可,没有必要追求绝对的、高昂代价的安全,实际上也没有绝对的安全。

3.立足国内原则

考虑到国家安全和经济利益,安全技术和产品首先要立足国内,不得未经许可、未能消化改造直接使用境外的安全保密技术和产品设备,特别是信息安全方面的关键核心技术和产品。

4.成熟技术原则

尽量选用成熟的技术,以得到可靠的安全保证。采用新技术时要慎重,要预判其成熟的程度。

5.规范标准原则

要尽量选用遵循统一的规范和技术标准的安全产品,以保证互连通和互操作,否则,就会形成一个个安全孤岛,没有统一的整体安全可言。例如,不同种类的防火墙产品的日志格式不尽相同,而某些日志审计设备只能审计通用日志(如 Syslog 日志),只有日志格式是 Syslog 日志的防火墙才能将日志导入审计系统中进行审计。

1.4.2　管理角度

技术不是万能的。近年来发生的一些信息安全事故,往往不是缺少必要的信息安全设备,而是缺少有效的管理。

近年来,我国信息安全管理工作取得了明显成效,保障了国家重要网络和信息系统的正常运行,以下总结了近年来开展的一些信息安全管理工作,希望能帮助读者有一些直观的认识和了解。

1.制度建设

制度建设是信息安全体系建设中的重要一环。制度建设能够明确安全责任,增强责任意识。几乎所有重要的网络和信息系统都有各种信息安全制度作为保障,如机房管理制度、计算机使用规定、网站管理规定等。

2.开展信息安全宣传、教育、培训

人是网络和信息系统安全保障的第一道防线。我国政府一直致力于通过学习班、专题讲座、信息安全宣传手册、图片展览、信息安全论文比赛等形式,提高全民的信息安全意识,增强人们保护信息安全的责任感。

我国举办的"中国国家网络安全宣传周",围绕金融、电信、电子政务、电子商务等重点领域和行业网络安全问题,针对社会公众关注的热点问题,举办网络安全体验展等系列主题宣传活动,营造网络安全人人有责、人人参与的良好氛围。

宣传周自 2014 年开始,每年一届,每届一个不同的主题。国家网络安全宣传周期间,各省也会举办网络安全宣传周的相关活动。

2022 年 9 月,浙江省开展了以"网络安全为人民,网络安全靠人民"为主题的网络安全宣传周活动。浙江省通过主题展览、高峰论坛、攻防竞赛、流动宣传车、网络课堂、公益广告展播等方式,深入开展网络安全知识技能宣传普及,重点展示党的十八大以来浙江省网络安全工作取得的成效。同时,结合网络安全领域法律法规、政策标准、重大举措以及人民群众关切的热点问题,宣传网络安全理念、普及网络安全知识、推广网络安全技能,大力营造共筑网络安全防线的浓厚氛围,进一步激发全社会共同维护网络安全的热情。

3.信息安全应急演练

信息安全应急演练能够检验应急预案是否有效,发现信息安全保障和应急工作中存在的不足,锻炼应急指挥和保障队伍,提高应急响应能力。

"护网行动"始于 2016 年,是一场由公安部组织的网络安全攻防演练,是以全国范围的真实网络目标为对象的实战攻防活动,通过发现、暴露和解决安全问题,检验我国各大企事业单位、部属机关的网络安全防护水平和应急处置能力。

4.信息安全通报工作

我国设立了各级专门机构负责网络与信息安全的信息通报工作。浙江省的网络与信息安全通报中心设在省公安厅网安总队,负责各成员单位和主管部门网络与信息安全信息汇总和反馈工作。

开展信息安全通报工作有利于各部门间安全信息的接收、汇总,及时了解国际信息安全动态和国内信息安全状况;将分析、汇总和预判结果及时报告省委、省政府和省信息化工作领导小组,必要时向社会发布预警信息;组织专门人员和有关专家,对网络与信息安全信息的性质、危害程度和可能影响范围进行分析、研判和评估。

5. 信息安全风险评估

信息安全风险评估能帮助企业了解信息系统和基础设施存在的安全风险和安全隐患,分析现有安全技术与管理措施应对网络安全威胁的有效性,从而有针对性地进行安全风险处置,确保业务的正常运行,并减少网络安全事件发生的概率。

6. 网络安全等级保护工作

我国当前正在进行的一项保障网络和信息系统安全的重要工作是网络安全等级保护,网络安全等级保护工作对网络和信息系统按等级管理,通过定级、备案、安全建设整改、等级测评等流程保护网络和信息系统的安全。

结合以上信息安全管理工作的做法,本书提出了信息安全综合管理的总体思路,即在信息安全法律法规政策的指导下,参考网络安全等级保护相关标准,通过定级、合规评估或等级测评等方式找出网络和信息系统的安全问题,从技术与管理两个角度进行安全规划、建设整改,降低安全风险,将信息安全风险评估贯穿于整个管理过程,同时通过信息安全培训、教育的方式提高全民网络安全意识,使各大企业、机构等熟悉并应用安全管理制度。

1.5 思考与练习

1. 信息系统面临的安全威胁有哪些?
2. 常见的信息安全管理工作有哪些?
3. 如何结合各类方法进行信息安全综合管理?

1.6 拓展阅读

网络强国|习近平
谈网络安全 一以贯
之心系人民

党的二十大精神
之网络安全

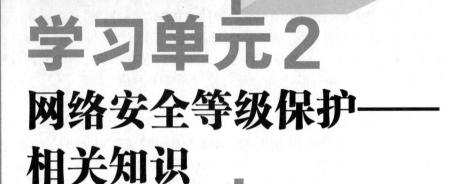

学习单元2
网络安全等级保护——相关知识

不以规矩,不成方圆。战国·孟轲《孟子·离娄上》。

2.1 网络安全等级保护概述

等保概述、体系
发展背景

2.1.1 网络安全等级保护制度的含义

网络安全等级保护制度是国家在国民经济和社会信息化的发展过程中,提高网络安全保障能力和水平,维护国家安全、社会稳定和公共利益,保障和促进信息化建设健康发展的一项基本制度。

2.1.2 网络安全等级保护制度的基本内容

网络安全等级保护是指对国家安全、法人和其他组织及公民的专有信息和公开信息及存储、传输、处理这些信息的信息系统分等级实行安全保护,对信息系统中使用的信息安全产品实行按等级管理,对信息系统中发生的信息安全事件分等级响应、处置。

根据等级保护对象在国家安全、经济建设、社会生活中的重要程度,以及一旦遭到破坏、丧失功能或者数据被篡改、泄露、丢失、损毁后,对国家安全、社会秩序、公共利益以及公民、法人和其他组织的合法权益的危害程度,针对信息的保密性、完整性和可用性要求及等级保护对象必须要达到的基本的安全保护水平等因素,可将等级保护对象划分为五个不同的安全保护等级,并对其实施不同的保护和监管。

第一级为自主保护级,等级保护对象受到破坏后,会对相关公民、法人和其他组织的合法权益造成一般损害,但不危害国家安全、社会秩序和公共利益。

第二级为指导保护级,等级保护对象受到破坏后,会对相关公民、法人和其他组织的合法权益造成严重损害或特别严重损害,或者对社会秩序和公共利益造成危害,但不危害国家安全。

第三级为监督保护级,等级保护对象受到破坏后,会对社会秩序和公共利益造成严重危害,或者对国家安全造成危害。

第四级为强制保护级,等级保护对象受到破坏后,会对社会秩序和公共利益造成特别严重危害,或者对国家安全造成严重危害。

第五级为专控保护级,等级保护对象受到破坏后,会对国家安全造成特别严重危害。

不同级别的等级保护对象应具备的基本安全保护能力如下。

第一级安全保护能力:应能够防护免受来自个人的、拥有很少资源的威胁源发起的恶意攻击、一般的自然灾难以及其他相当危害程度的威胁所造成的关键资源损害,在自身遭到损害后,能够恢复部分功能。

第二级安全保护能力:应能够防护免受来自外部小型组织的、拥有少量资源的威胁源发起的恶意攻击、一般的自然灾难以及其他相当危害程度的威胁所造成的重要资源损害,能够发现重要的安全漏洞和处置安全事件,在自身遭到损害后,能够在一段时间内恢复部分功能。

第三级安全保护能力:应能够在统一安全策略下防护免受来自外部有组织的团体、拥有较为丰富资源的威胁源发起的恶意攻击、较为严重的自然灾难以及其他相当危害程度的威胁所造成的主要资源损害,能够及时发现、监测攻击行为和处置安全事件,在自身遭到损害后,能够较快恢复绝大部分功能。

第四级安全保护能力:应能够在统一安全策略下防护免受来自国家级别的、敌对组织的、拥有丰富资源的威胁源发起的恶意攻击、严重的自然灾难以及其他相当危害程度的威胁所造成的资源损害,能够及时发现、监测攻击行为和安全事件,在自身遭到损害后,能够迅速恢复所有功能。

第五级安全保护能力:(相关标准暂未定义)。

2.1.3 网络安全等级保护工作要求

网络安全等级保护工作要突出重点、分级负责、分类指导、分步实施,按照谁主管谁负责、谁运营谁负责的要求,明确主管部门以及信息系统建设、运行、维护、使用单位和个人的安全责任,分别落实等级保护措施。

2.2 网络安全等级保护发展历程

等保发展历程1

等保发展历程2

从1994年算起,等级保护的发展已走过29个年头。一路走来,等级保护经历了1.0时代,迈入了2.0时代,与国家信息化发展相生相伴,从探索到成熟、从各方质疑到达成广泛共识,网络安全等级保护发展历程如图2-1所示。今天,它已经成为我们国家信息安全领域影响最为深远的保障制度。20多年来,网络安全等级保护制度得到了完善的发展,并在各个行业中得到了切实的实践执行,对我国的网络安全具有重要的指导作用。

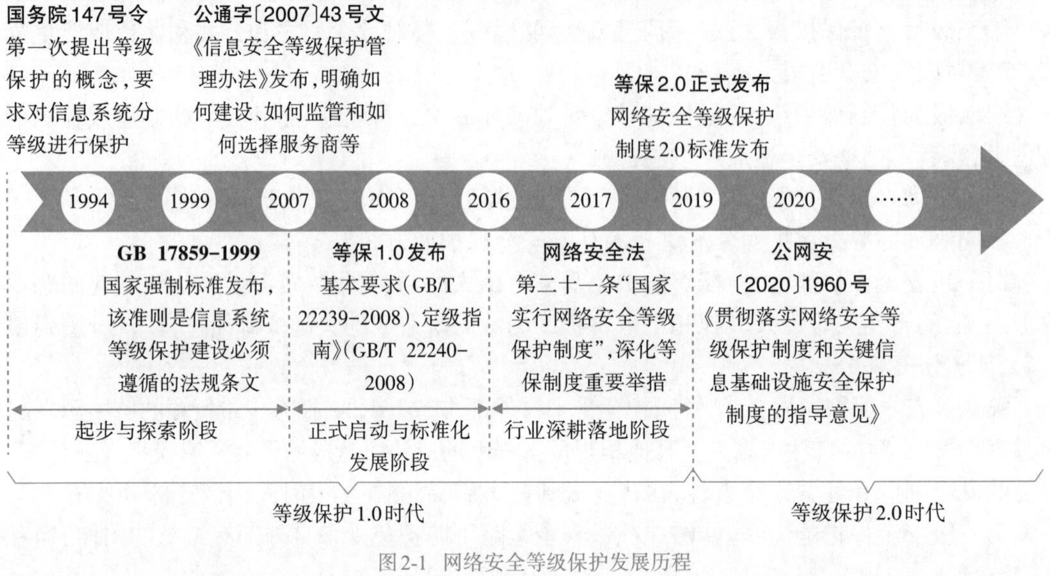

国务院147号令
第一次提出等级保护的概念,要求对信息系统分等级进行保护

公通字〔2007〕43号文
《信息安全等级保护管理办法》发布,明确如何建设、如何监管和如何选择服务商等

等保2.0正式发布
网络安全等级保护制度2.0标准发布

| 1994 | 1999 | 2007 | 2008 | 2016 | 2017 | 2019 | 2020 | ······ |

GB 17859-1999
国家强制标准发布,该准则是信息系统等级保护建设必须遵循的法规条文

等保1.0发布
基本要求(GB/T 22239-2008)、定级指南》(GB/T 22240-2008)

网络安全法
第二十一条"国家实行网络安全等级保护制度",深化等保制度重要举措

公网安
〔2020〕1960号
《贯彻落实网络安全等级保护制度和关键信息基础设施安全保护制度的指导意见》

起步与探索阶段 　　　正式启动与标准化发展阶段 　　　行业深耕落地阶段

等级保护1.0时代 　　　　　　　　　　等级保护2.0时代

图2-1 网络安全等级保护发展历程

2.2.1 网络安全等级保护1.0时代

信息安全等级保护制度是我国信息安全保障工作的基本制度和基本国策,是开展信息安全工作的基本方法,是促进信息化、维护国家信息安全的基本保障。开展信息安全等级保护工作是保护信息化发展、维护国家信息安全的根本保障,是解决我国信息安全面临的威胁和存在的问题,实行国家对重要信息系统进行重点安全保障的重大措施。

等级保护1.0时代经历了等保工作的起步与探索阶段、正式启动与标准化发展阶段,以及行业深耕落地阶段。

1.网络安全等级保护起步与探索阶段(1994—2007)

(1)国务院147号令(总要求/上位文件)

1994年2月18日,国务院颁布《中华人民共和国计算机信息系统安全保护条例》(国务院第147号令),规定计算机信息系统实行安全等级保护。相关条例如下:

第九条 计算机信息系统实行安全等级保护。安全等级的划分标准和安全等级保护的具体办法,由公安部会同有关部门制定。

(2)GB 17859-1999(上位标准)

1999年,公安部发布了我国第一个计算机信息系统安全保护等级划分准则强制性标准,即《计算机信息系统安全保护等级划分准则》(GB 17859-1999),下文简称《等级划分准则》,该标准规定了计算机信息系统安全保护能力的五个等级。

(3)中办发〔2003〕27号

2003年9月7日,中央办公厅、国务院办公厅转发《国家信息化领导小组关于加强信息安全保障工作的意见》(中办发〔2003〕27号),明确指出"实行信息安全等级保护",要求"抓紧建立信息安全等级保护制度"。

(4)公通字〔2004〕66号

2004年9月15日,公安部、国家保密局、国家密码管理局、国务院信息化工作办公室(以下简称四部门)联合发布《关于信息安全等级保护工作的实施意见》(公通字〔2004〕66号)。文件指出要加快信息安全等级保护管理与技术标准的制定和完善,其他现行的相关标准规范中与等级保护管理规范和技术标准不相适应的,应当进行调整。

(5)公通字〔2007〕43号

2007年6月22日,四部门联合发布《信息安全等级保护管理办法》(公通字〔2007〕43号),规定了网络安全等级保护的五个动作分别为:定级、备案、建设整改、等级测评和监督检查。

2.网络安全等级保护正式启动与标准化发展阶段(2007—2016)

2007年7月20日,全国重要信息系统安全等级保护定级工作部署专题电视电话会议的召开,标志着信息安全等级保护制度正式开始实施。

(1)公信安〔2007〕861号

2007年7月16日,四部门联合发布《关于开展全国重要信息系统安全等级保护定级工作的通知》(公信安〔2007〕861号),明确定级工作的主要内容包括:开展信息系统基本情况的摸底调查、初步确定安全保护等级、评审与审批、备案和备案管理。

(2)公信安〔2007〕1360号

2007年10月26日,公安部发布《信息安全等级保护备案实施细则》(公信安〔2007〕1360

号),指出要加强和指导信息安全等级保护备案工作,规范备案受理、审核和管理等工作。

该细则规定,地市级以上公安机关公共信息网络安全监察部门受理本辖区内备案单位的备案。隶属于省级的备案单位,其跨地(市)联网运行的信息系统,由省级公安机关公共信息网络安全监察部门受理备案。隶属于中央的在京单位,其跨省或者全国统一联网运行并由主管部门统一定级的信息系统,由公安部公共信息网络安全监察局受理备案,其他信息系统由北京市公安局公共信息网络安全监察部门受理备案。隶属于中央的非在京单位的信息系统,由当地省级公安机关公共信息网络安全监察部门(或其指定的地市级公安机关公共信息网络安全监察部门)受理备案。跨省或者全国统一联网运行并由主管部门统一定级的信息系统在各地运行、应用的分支系统(包括由上级主管部门定级,在当地有应用的信息系统),由所在地地市级以上公安机关公共信息网络安全监察部门受理备案。

(3)公信安〔2009〕1429号

2009年10月27日,公安部发布《关于开展信息安全等级保护安全建设整改工作的指导意见》(公信安〔2009〕1429号),指导各部门在信息安全等级保护定级工作基础上,开展已定级等级保护对象的安全建设整改工作。

该意见指出,要开展信息安全等级保护安全管理制度建设,提高信息系统安全管理水平。按照相关标准规范要求,建立健全并落实符合相应等级要求的安全管理制度:一是信息安全责任制,明确信息安全工作的主管领导、责任部门、人员及有关岗位的信息安全责任;二是人员安全管理制度,明确人员录用、离岗、考核、教育培训等管理内容;三是系统建设管理制度,明确系统定级备案、方案设计、产品采购使用、密码使用、软件开发、工程实施、验收交付、等级测评、安全服务等管理内容;四是系统运维管理制度,明确机房环境安全、存储介质安全、设备设施安全、安全监控、网络安全、系统安全、恶意代码防范、密码保护、备份与恢复、事件处置、应急预案等管理内容。建立并落实监督检查机制,定期对各项制度的落实情况进行自查和监督检查。

开展信息安全等级保护安全技术措施建设,提高信息系统安全保护能力。按照相关标准规范要求,结合行业特点和安全需求,制定符合相应等级要求的信息系统安全技术建设整改方案,开展信息安全等级保护安全技术措施建设,落实相应的物理安全、网络安全、主机安全、应用安全和数据安全等安全保护技术措施,建立并完善信息系统综合防护体系,提高信息系统的安全防护能力和水平。

为便于信息安全等级保护安全建设整改工作相关单位全面了解和掌握安全建设整改工作所依据的技术标准规范,以及安全建设整改工作的目标、内容和方法,公安部编写了《信息安全等级保护安全建设整改工作指南》。

(4)发改高技〔2008〕2071号

2008年8月6日,国家发展改革委发布《关于加强国家电子政务工程建设项目信息安全风险评估工作的通知》(发改高技〔2008〕2071号),规定非涉密信息系统的信息安全风险评估应按照相关规定,可委托同一专业测评机构完成等级测评和风险评估工作,并形成等级测评报告和风险评估报告。等级测评报告参照公安部门制定的格式编制,风险评估报告参考《国家电子政务工程建设项目非涉密信息系统信息安全风险评估报告格式》。

(5)公信安〔2010〕303号

2010年3月20日,公安部出台《关于推动信息安全等级保护测评体系建设和开展等级测评工作的通知》(公信安〔2010〕303号),督促备案单位开展信息系统等级测评工作,确保安全建设整改工作的顺利开展。督促信息系统备案单位尽快委托测评机构开展等级测评。

(6)公信安〔2008〕736号

2008年6月10日,公安部发布《公安机关信息安全等级保护检查工作规范》(公信安〔2008〕736号)的通知,规范公安机关开展信息安全等级保护检查工作,公安机关依据有关规定,会同主管部门对非涉密重要信息系统运营、使用单位等级保护工作开展和落实情况进行检查,督促、检查其建设安全设施、落实安全措施、建立并落实安全管理制度、落实安全责任、落实责任部门和人员。

(7)发布系列等级保护工作标准

围绕等级保护不同阶段的工作,等级保护1.0时代逐步发布了《信息安全技术 信息系统安全等级保护基本要求》(GB/T 22239-2008)《信息安全技术 信息系统安全等级保护定级指南》(GB/T 22240-2008)《信息安全技术 信息系统等级保护安全设计技术要求》(GB/T 25070-2010)《信息安全技术 信息系统安全等级保护测评要求》(GB/T 28448-2012)《信息安全技术 信息系统安全等级保护测评过程指南》(GB/T 28449-2012)《信息安全技术 信息系统安全等级保护实施指南》(GB/T 25058-2010)等系列标准。

3.网络安全等级保护行业深耕落地阶段(2016—2019)

2016年开始,等级保护工作进入了相对成熟阶段,2017年6月1日开始施行的《网络安全法》及2018年6月27日颁布的《网络安全等级保护管理条例(征求意见稿)》都指明等级保护工作已成为国家网络安全领域不可缺少的重要一环。

2.2.2 网络安全等级保护2.0时代

为适应新技术新应用的发展,信息安全向网络安全转变势在必行,同时为了响应网络安全法,等级保护2.0应运而生。等级保护2.0在继承了等级保护1.0基本架构之外,引入符合当下技术形式(云大物移+工业互联网)和顺应安全防护模式(被动到主动、静态到动态、层层防护到纵深防御)的特征,对原有标准进行修订,形成了有法可依,保护对象全面覆盖的"等级保护2.0"。

1.进入网络安全等级保护2.0时代

2019年5月10日,国家标准化管理委员会发布了新修订的三大标准,开启等级保护2.0时代。它们分别是:《信息安全技术 网络安全等级保护基本要求》(GB/T 22239-2019),下文简称《基本要求》、《信息安全技术 网络安全等级保护测评要求》(GB/T 28448-2019),下文简称《测评要求》和《信息安全技术 网络安全等级保护安全设计技术要求》(GB/T 25070-2019),下文简称《安全技术设计要求》。

2.等级保护标准持续补充

在新修订的三大标准基础上,国家标准化管理委员会更新出台了《信息安全技术 网络安全等级保护实施指南》(GB/T 25058-2019),下文简称《实施指南》、《信息安全技术 网络安全等级保护定级指南》(GB/T 22240-2020),下文简称《定级指南》等国家推荐标准,同时各行业、团体及企业更新出台了行业标准、团体标准以及规范性文件,逐步形成了等级保护2.0时代的标准体系。

3.等级保护支撑体系逐步完善

为深入贯彻《国网络安全法》和党中央有关文件精神,指导重点行业、部门全面落实网络安全等级保护制度和关键信息基础设施安全保护制度,健全完善国家网络安全综合防控体系,有效防范网络安全威胁,有力处置重大网络安全事件,配合公安机关加强网络安全监管,严厉打击危害网络安全的违法犯罪活动,切实保障关键信息基础设施、重要网络和数据安全,2020年7月22日,公安部发布《贯彻落实网络安全等级保护制度和关键信息基础设施安全保护制度的指导意见》(公网安〔2020〕1960号),要求深入贯彻实施国家网络安全等级保护制度。

4.等保2.0时代的新变化

(1)等级保护上升为法律

《网络安全法》第二十一条规定,国家实行网络安全等级保护制度,要求"网络运营者应当按照网络安全等级保护制度要求,履行安全保护义务";第三十一条规定,对于国家关键信息基础设施,在网络安全等级保护制度的基础上,实行重点保护。

(2)等级保护对象不断拓展

随着云计算、移动互联、大数据、物联网、人工智能等新技术的不断涌现,计算机信息系统的概念已经不能涵盖全部,特别是互联网快速发展带来大数据价值的凸显,等级保护对象的外延将不断拓展。

腾讯微信、新浪微博、百度贴吧涉嫌违反《网络安全法》被立案调查

网站因网络安全防护工作落实不到位违反《网络安全法》

(3)等级保护工作内容持续扩展

在定级、备案、建设整改、等级测评和监督检查等规定动作基础上,等级保护2.0时代将风险评估、安全监测、通报预警、案件调查、数据防护、灾难备份、应急处置、自主可控、供应链安全、效果评价、综治考核等这些与网络安全密切相关的措施全部纳入等级保护制度并加以实施。

(4)等级保护体系进行重大升级

等级保护2.0时代,主管部门将继续制定出台一系列政策法规和技术标准,形成运转顺畅的工作机制,在现有体系基础上,建立完善等级保护政策体系、标准体系、测评体系、技术体系、服务体系、关键技术研究体系、教育训练体系等。

2.3 网络安全等级保护相关法律法规

等保相关法律法规及标准

近年来,为切实维护网络安全,不断推进依法治网,我国加快推动网络安全立法进程,着力完善网络安全法律法规,顶层设计和总体布局不断健全。

2.3.1 等级保护相关法律

目前我国信息安全相关的法律法规是基于《中华人民共和国国家安全法》及《中华人民共和国网络安全法》建立的。在个人信息保护方面,基本以《中华人民共和国网络安全法》及《中华人民共和国个人信息保护法》为主,《中华人民共和国数据安全法》与《中华人民共和国

密码法》是数据安全及国家秘密保护领域的基础法律。

1.中华人民共和国国家安全法

2015年7月1日,第十二届全国人民代表大会常务委员会第十五次会议通过新的《中华人民共和国国家安全法》。国家主席习近平签署第29号主席令予以公布并开始实施。该法律对政治安全、国土安全、军事安全、文化安全、科技安全等11个领域的国家安全任务进行了明确,共7章84条。为了维护国家安全,保卫人民民主专政的政权和中国特色社会主义制度,保护人民的根本利益,保障改革开放和社会主义现代化建设的顺利进行,实现中华民族伟大复兴,根据宪法,制定本法。其中与等级保护密切相关的条款如下:

第二十五条 国家建设网络与信息安全保障体系,提升网络与信息安全保护能力,加强网络和信息技术的创新研究和开发应用,实现网络和信息核心技术、关键基础设施和重要领域信息系统及数据的安全可控;加强网络管理,防范、制止和依法惩治网络攻击、网络入侵、网络窃密、散布违法有害信息等网络违法犯罪行为,维护国家网络空间主权、安全和发展利益。

2.中华人民共和国网络安全法

2016年11月7日,《中华人民共和国网络安全法》由中华人民共和国第十二届全国人民代表大会常务委员会第二十四次会议通过,自2017年6月1日起施行。该法旨在保障网络安全,维护网络空间主权和国家安全、社会公共利益,保护公民、法人和其他组织的合法权益,促进经济社会信息化健康发展。其中与等级保护密切相关的条款如下:

第二十一条 国家实行网络安全等级保护制度。网络运营者应当按照网络安全等级保护制度的要求,履行安全保护义务,保障网络免受干扰、破坏或者未经授权的访问,防止网络数据泄露或者被窃取、篡改。

第三十一条 国家对公共通信和信息服务、能源、交通、水利、金融、公共服务、电子政务等重要行业和领域,以及其他一旦遭到破坏、丧失功能或者数据泄露,可能严重危害国家安全、国计民生、公共利益的关键信息基础设施,在网络安全等级保护制度的基础上,实行重点保护。关键信息基础设施的具体范围和安全保护办法由国务院制定。

3.中华人民共和国数据安全法

2021年6月10日,《中华人民共和国数据安全法》由中华人民共和国第十三届全国人民代表大会常务委员会第二十九次会议通过,自2021年9月1日起施行。该法是为了规范数据处理活动,保障数据安全,促进数据开发利用,保护个人、组织的合法权益,维护国家主权、安全和发展利益而制定。这是我国数据安全领域的一部基础性法律,该法的施行意味着数据安全上升至国家战略高度。其中与等级保护密切相关的条款如下:

第二十七条 开展数据处理活动应当依照法律、法规的规定,建立健全全流程数据安全管理制度,组织开展数据安全教育培训,采取相应的技术措施和其他必要措施,保障数据安全。利用互联网等信息网络开展数据处理活动,应当在网络安全等级保护制度的基础上,履行上述数据安全保护义务。

4.中华人民共和国个人信息保护法

2021年8月20日,《中华人民共和国个人信息保护法》由十三届全国人大常委会第三十次会议表决通过,自2021年11月1日起施行。该法是为了保护个人信息权益,规范个人信息处理活动,促进个人信息合理利用而制定。

作为国内首部个人信息保护方面的专门法律,该法与《中华人民共和国网络安全法》《中华人民共和国数据安全法》共同构建国家数据安全立体防线,建立起数字化时代互联网安全的安全屏障。《中华人民共和国数据安全法》中的数据指任何以电子或者其他方式对信息的记录。个人信息属于数据安全，《中华人民共和国个人信息保护法》是针对个人信息数据安全要求的升级。

5. 中华人民共和国密码法

2019年10月26日，《中华人民共和国密码法》由中华人民共和国第十三届全国人民代表大会常务委员会第十四次会议通过，自2020年1月1日起施行。其中与等级保护密切相关的条款如下：

第二十七条　法律、行政法规和国家有关规定要求使用商用密码进行保护的关键信息基础设施，其运营者应当使用商用密码进行保护，自行或者委托商用密码检测机构开展商用密码应用安全性评估。商用密码应用安全性评估应当与关键信息基础设施安全检测评估、网络安全等级测评制度相衔接，避免重复评估、测评。

2.3.2　等级保护相关法规

等级保护相关法规主要包括国务院147号令、《网络安全等级保护条例》（目前是征求意见阶段）及《关键信息基础设施保护条例》。

2021年4月27日，《关键信息基础设施安全保护条例》经国务院第133次常务会议通过，自2021年9月1日起施行。该条例旨在建立专门保护制度，明确各方责任，提出保障促进措施，保障关键信息基础设施安全及维护网络安全。其中与等级保护密切相关的条款如下：

第六条　运营者依照本条例和有关法律、行政法规的规定以及国家标准的强制性要求，在网络安全等级保护的基础上，采取技术保护措施和其他必要措施，应对网络安全事件，防范网络攻击和违法犯罪活动，保障关键信息基础设施安全稳定运行，维护数据的完整性、保密性和可用性。

该条例还设专章细化了有关义务要求，主要包括：一是建立健全网络安全保护制度和责任制，明确运营者的主要负责人负总责，保障人力、财力、物力投入。二是设置专门安全管理机构，履行安全保护职责，参与本单位与网络安全和信息化有关的决策，并对机构负责人和关键岗位人员进行安全背景审查。三是对关键信息基础设施每年进行网络安全检测和风险评估，及时整改问题并按要求向保护工作部门报送情况。四是关键信息基础设施发生重大网络安全事件或者发现重大网络安全威胁时，运营者按规定向保护工作部门、公安机关报告。五是优先采购安全可信的网络产品和服务，并与提供者签订安全保密协议；可能影响国家安全的，应当按规定通过安全审查。

2.4　网络安全等级保护相关标准

2.4.1　等级保护标准体系

为推动《中华人民共和国网络安全法》和网络安全等级保护制度的贯彻落实，我国政府以建立等级保护相关标准为核心,构建了适应等级保护制度2.0新要求的网络安全等级保护标准体系,用于指导和规范非涉密等级保护对象的定级、安全建设、等级测评等关键环节的技术活动。

网络安全等级保护标准体系涵盖了国家标准、行业标准和企业标准,体现了不同层次的网络安全要求,网络安全等级保护相关标准见附件2-1。

标准体系的顶层是国家标准,反映国家层面对等级保护对象提出的安全要求;第二层是行业标准,针对本行业或地方等级保护对象提出增强或细化的安全要求,反映行业或地方的特殊要求;最底层是企业标准,针对本企业等级保护对象提出具体要求,反映的是个别企业的特殊要求。推荐性国家标准、行业标准、地方标准、团体标准、企业标准的技术要求不得低于强制性国家标准的相关技术要求,国家鼓励社会团体、企业制定高于推荐性标准相关技术要求的团体标准和企业标准。

从等级保护全生命周期支持的角度,不同标准在等级保护工作的不同阶段发挥规范和指导作用。如定级阶段,网络运营者主要使用《定级指南》和相应的行业或企业标准来划分定级对象和确定安全保护等级;安全建设阶段,主要使用《基本要求》《安全技术设计要求》和相应的行业或企业标准来进行规划设计和建设工作;等级测评阶段,测评机构主要依据《测评要求》、《信息安全技术 网络安全等级保护测评过程指南》(GB/T 28449-2018),下文简称《测评过程指南》及相应的行业或企业标准来规范和指导等级测评工作。

2.4.2　等级保护工作的主要标准

《等级划分准则》是网络安全领域唯一的强制标准,也是网络安全等级保护标准体系中的基础标准。划定了计算机信息系统安全保护能力五个等级,并明确了各个等级安全保护技术要求,可用于为执法部门的监督检查提供依据;为安全产品的研制提供技术支持;为安全系统的建设和管理提供技术指导。

《基本要求》明确每一级别的安全要求都是什么,适用于指导分等级的非涉密对象的安全建设和监督管理。

《测评要求》为安全测评服务机构、等级保护对象的主管部门及运营使用单位对等级保护对象的安全状况进行安全测评提供指南。网络安全监管职能部门依法进行的网络安全等级保护监督检查可以参考使用。

《安全设计技术要求》明确"一个中心,三重防护"怎么设计,适用于指导运营使用单位、网络安全企业、网络安全服务机构开展网络安全等级保护安全技术方案的设计和实施,也可以作为网络安全职能部门进行监督、检查和指导的依据。

《实施指南》明确等级保护工作怎么干,用于指导运营、使用单位在等级保护对象从规划设计到终止运行的过程中如何按照等级保护政策、标准要求实施等级保护工作。

《定级指南》明确等级保护怎么定级,指导网络运营者合理划分定级对象和准确的确定安全保护等级,为后续的安全建设、整改、等级测评等工作奠定基础。

《测评过程指南》明确等级保护测评怎么干,指导使用者如何实施等级测评项目,以及在等级测评过程中如何正确使用《测评要求》中的具体测评方法、步骤和判断依据等。

2.4.3　等级保护相关标准之间的关系

等级保护的标准体系有四大类,分别为:安全等级、方法指导、基线要求、状况分析。各类标准在等级保护对象安全建设的不同阶段、针对不同技术活动的作用如图2-2所示。

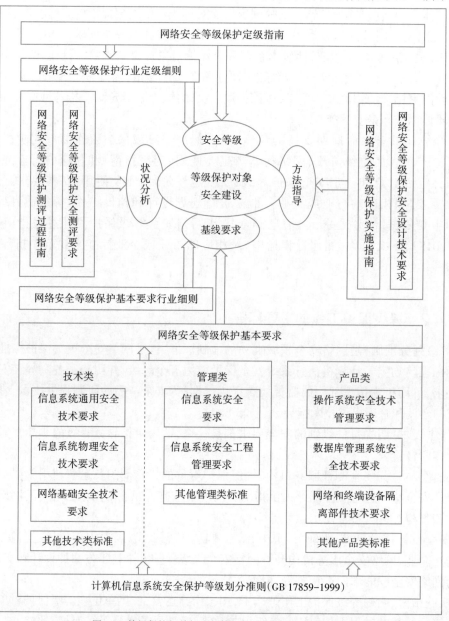

图2-2　等级保护相关标准与等级保护各工作环节的关系

2.5 网络安全等级保护实施流程

随着网络信息安全相关法律法规的进一步落实,等级保护工作对于网络运营者来说已是势在必行。网络安全等级保护工作分五个阶段,分别为定级、备案、建设整改、等级测评、监督检查,如图2-3所示。

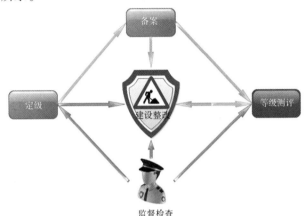

图2-3 网络安全等级保护工作的五个阶段

2.5.1 定级

等级保护对象的安全保护等级划分及相应的基本安全保护能力详见附件2.1。各级别信息系统的重要性、安全保护能力及管理强度的关系见表2-1。

等保实施流程-
定级与备案

表2-1   各级别信息系统区分表

信息系统级别	信息系统重要性	安全保护能力级别	管理强度
第一级	一般信息系统	一级安全防护能力	自主保护
第二级	一般信息系统	二级安全防护能力	指导保护
第三级	重要信息系统/关键信息基础设施	三级安全防护能力	监督保护
第四级	关键信息基础设施	四级安全防护能力	强制保护
第五级	关键信息基础设施	暂未公布	专控保护

1.定级要素

等级保护对象的定级要素包括受侵害的客体及对客体的侵害程度。其中,受侵害的客体包括三个方面,分别为:公民、法人和其他组织的合法权益;社会秩序、公共利益;国家安全。对客体的侵害程度可归纳为:造成一般损害,造成严重损害,造成特别严重损害。

2.定级要素与安全保护等级的关系

等级保护对象的定级要素与安全保护等级的关系见表2-2。

表2-2　　　　　　　　　　等级保护对象的定级要素与安全保护等级的关系

受侵害的客体	对客体的侵害程度		
	一般损害	严重损害	特别严重损害
公民、法人和其他组织的合法权益	第一级	第二级	第二级
社会秩序、公共利益	第二级	第三级	第四级
国家安全	第三级	第四级	第五级

3.定级工作流程

等级保护对象定级工作的一般流程包括：确定定级对象、初步确定等级、专家评审、主管部门核准、备案审核，如图2-4所示。

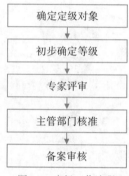

图2-4　定级工作流程

（1）确定定级对象

等级保护对象包括信息系统、通信网络设施和数据资源等，如图2-5所示。

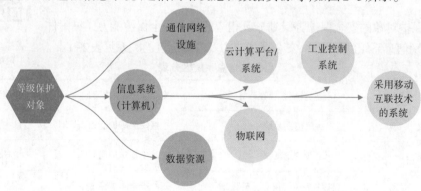

图2-5　等级保护对象

1）信息系统

作为定级对象的信息系统应具有如下基本特征：

● 具有确定的主要安全责任主体[①]；

● 承载相对独立的业务应用；

● 包含相互关联的多个资源[②]。

在确定定级对象时，云计算平台／系统、物联网、工业控制系统以及采用移动互联技术的系统在满足以上基本特征的基础上，还需分别遵循相关要求：

---

①主要安全责任主体包括但不限于企业、机关和事业单位等法人，以及不具备法人资格的社会团体等其他组织。

②避免将某个单一的系统组件，如服务器、终端或网络设备作为定级对象。

云计算平台/系统:在云计算环境中,云服务客户侧的等级保护对象和云服务商侧的云计算平台/系统需分别作为单独的定级对象定级,并根据不同服务模式将云计算平台/系统划分为不同的定级对象。对于大型云计算平台,宜将云计算基础设施和有关辅助服务系统划分为不同的定级对象。

　　物联网:物联网主要包括感知、网络传输和处理应用等特征要素,需将以上要素作为一个整体对象定级,各要素不单独定级。

　　工业控制系统:工业控制系统主要包括现场采集/执行、现场控制、过程控制和生产管理等特征要素。其中,现场采集/执行、现场控制和过程控制等要素需作为一个整体对象定级,各要素不单独定级;生产管理要素宜单独定级。对于大型工业控制系统,可根据系统功能、责任主体、控制对象和生产厂商等因素划分为多个定级对象。

　　采用移动互联技术的系统:采用移动互联技术的系统主要包括移动终端、移动应用和无线网络等特征要素,可作为一个整体独立定级或与相关联业务系统一起定级,各要素不单独定级。

　　2)通信网络设施

　　对于电信网、广播电视传输网等通信网络设施,宜根据安全责任主体、服务类型或服务地域等因素将其划分为不同的定级对象。当安全责任主体相同时,跨省的行业或单位的专用通信网可作为一个整体对象定级;当安全责任主体不同时,需根据安全责任主体和服务区域划分为若干个定级对象。

　　3)数据资源

　　数据资源可独立定级。当安全责任主体相同时,大数据、大数据平台/系统宜作为一个整体对象定级;当安全责任主体不同时,大数据应独立定级。

　　(2)初步确定等级

　　定级对象的安全主要包括业务信息安全和系统服务安全,与之相关的受侵害客体和对客体的侵害程度可能不同。因此,安全保护等级由业务信息安全和系统服务安全两方面确定。从业务信息安全角度反映的定级对象安全保护等级称为业务信息安全保护等级;从系统服务安全角度反映的定级对象安全保护等级称为系统服务安全保护等级。

　　定级方法流程如图2-6所示。具体为:

　　1)确定受到破坏时所侵害的客体

　　①确定业务信息安全受到破坏时所侵害的客体;

　　②确定系统服务安全受到破坏时所侵害的客体。

　　2)确定对客体的侵害程度

　　①根据不同的受侵害客体,分别评定业务信息安全被破坏对客体的侵害程度;

　　②根据不同的受侵害客体,分别评定系统服务安全被破坏对客体的侵害程度。

　　3)确定安全保护等级

　　①根据业务信息安全被破坏时所侵害的客体以及对相应客体的侵害程度,依据表2-2,确定业务信息安全保护等级;

　　②根据系统服务安全被破坏时所侵害的客体以及对相应客体的侵害程度,依据表2-2,确定系统服务安全保护等级。

　　将业务信息安全保护等级和系统服务安全保护等级中等级较高者确定为定级对象的安全保护等级。

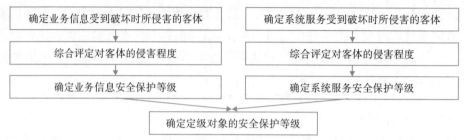

图 2-6 定级方法流程

（3）专家评审

安全保护等级初步确定为第二级及以上的，定级对象的网络运营者须组织网络安全专家和业务专家对定级结果的合理性进行评审，并出具专家评审意见。

（4）主管部门核准

有行业主管（监管）部门的，还须将定级结果报请行业主管（监管）部门核准，并出具核准意见。

（5）备案审核

定级对象的网络运营者按照相关管理规定，将定级结果提交公安机关进行备案审核。审核不通过，其网络运营者须组织重新定级；审核通过后最终确定定级对象的安全保护等级。

其中，对于通信网络设施、云计算平台／系统等定级对象，需根据其承载或将要承载的等级保护对象的重要程度确定其安全保护等级，原则上不低于其承载的等级保护对象的安全保护等级。对于数据资源，综合考虑其规模、价值等因素，及其遭到破坏后对国家安全、社会秩序、公共利益以及公民、法人和其他组织的合法权益的侵害程度确定其安全保护等级。涉及大量公民个人信息以及为公民提供公共服务的大数据平台／系统，原则上其安全保护等级不低于第三级。

4. 等级变更

当等级保护对象所处理的业务信息和系统服务范围发生变化，可能导致业务信息安全或系统服务安全受到破坏后的受侵害客体和对客体的侵害程度发生变化时，需根据《定级指南》重新确定定级对象和安全保护等级。

5. 定级结果组合

保护数据在存储、传输、处理过程中不被泄漏、破坏和免受未授权修改的要求称为信息安全类要求（简记为 S）；保护系统连续正常地运行，免受对系统的未授权修改、破坏而导致系统不可用的要求称为服务保证类要求（简记为 A）；其他要求为安全保护类要求（简记为 G）。所有安全管理要求和安全扩展要求均标注为 G。各安全保护等级分别对应不同的定级结果组合，见表 2-3。

表 2-3　　　　　　　　　　各安全保护等级对应的定级结果组合

安全保护等级	定级结果的组合
第一级	S1A1
第二级	S1A2，S2A2，S2A1
第三级	S1A3，S2A3，S3A3，S3A2，S3A1
第四级	S1A4，S2A4，S3A4，S4A4，S4A3，S4A2，S4A1
第五级	S1A5，S2A5，S3A5，S4A5，S5A4，S5A3，S5A2，S5A1

2.5.2 备案

信息系统运营、使用单位办理等级保护对象安全保护等级备案手续时,需要提交信息系统安全等级保护备案表(见附件2-2)一式两份及其电子稿。包括:单位基本情况(表一)、信息系统情况(表二)、信息系统定级情况(表三)和第三级以上信息系统提交材料情况(表四)。第二级以上信息系统备案时需提交备案表中的表一、二、三;第三级以上信息系统还应当在系统整改、测评完成后提交表四及有关材料。另外,每个备案的信息系统均需提供对应的信息系统安全等级保护定级报告(见附件2-3)。将上述定级备案材料提交至网安部门备案完成后,获取备案证明。

2.5.3 建设整改

1.总体安全规划

总体安全规划目标是根据等级保护对象的划分情况、等级保护对象的定级情况、等级保护对象承载业务情况,通过分析明确等级保护对象安全需求,设计合理的、满足等级保护要求的总体安全方案,并制订出安全实施计划,以指导后续的等级保护对象安全建设工程实施。总体安全规划阶段的工作流程如图2-7所示。

等保实施流程-建设整改-总体安全规划

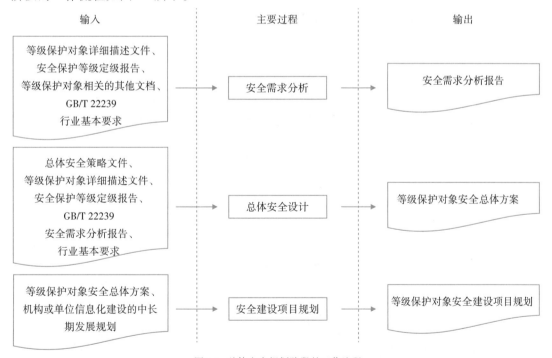

图2-7 总体安全规划阶段的工作流程

（1）安全需求分析

等级保护对象安全需求分为基本安全需求及特殊安全保护需求,分别介绍如下。

1)基本安全需求:各个等级保护对象的基本安全需求应依据《基本要求》及行业基本要求产生。对于已建等级保护对象,应根据等级测评结果分析整改需求,形成基本安全需求。

2)特殊安全保护需求:通过分析重要资产的特殊保护要求,采用需求分析或风险分析的方法,确定可能的安全风险,判断实施特殊安全措施的必要性,提出等级保护对象的特殊安全保护需求。

根据基本安全需求和特殊的安全保护需求等形成安全需求分析报告。

(2)总体安全设计

总体安全设计主要包括总体安全策略设计、安全技术体系结构设计、整体安全管理体系结构设计三个部分。

1)总体安全策略设计

①确定安全方针

机构最高层次的安全方针文件旨在阐明安全工作的使命和意愿,定义网络安全的总体目标,规定网络安全责任机构和职责,建立安全工作运行模式等。

②制定安全策略

机构高层次的安全策略文件旨在说明安全工作的主要策略。其中包括安全组织机构划分策略、业务系统分级策略、数据信息分级策略、等级保护对象互连策略、信息流控制策略等。

2)安全技术体系架构设计

① 设计安全技术体系架构

根据机构总体安全策略文件、《基本要求》、行业基本要求和安全需求,设计安全技术体系架构。如图2-8所示,安全技术防护体系是由从外到内的"纵深防御"体系构成。物理环境安全防护保护服务器、网络设备以及其他设备设施免遭地震、火灾、水灾、盗窃等事故导致的破坏;通信网络安全防护保护暴露于外部的通信线路和通信设备;网络边界安全防护对等级保护对象实施边界安全防护,内部不同级别定级对象尽量分别部署在相应保护等级的内部安全区域。低级别定级对象部署在高等级安全区域时应遵循"就高保护"原则。内部安全区域即计算环境安全防护将实施主机设备安全防护以及应用和数据安全防护;安全管理中心对整个等级保护对象实施统一的安全技术管理。

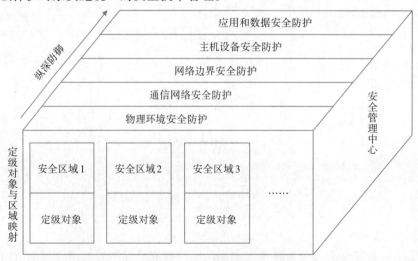

图2-8 等级保护对象安全技术体系架构

②规定不同级别定级对象物理环境的安全保护策略和安全技术措施

根据机构总体安全策略文件、等级保护基本要求和安全需求,提出不同级别定级对象物理环境的安全保护策略和安全技术措施。定级对象物理环境安全保护策略和安全技术措施提出时应考虑不同级别的定级对象共享物理环境的情况。如果不同级别的定级对象共享同一物理环境,物理环境的安全保护策略和安全技术措施应满足最高级别定级对象的等级保护基本要求。

③规定通信网络的安全保护策略和安全技术措施

根据机构总体安全策略文件、等级保护基本要求和安全需求,提出通信网络的安全保护策略和安全技术措施。提出通信网络的安全保护策略和安全技术措施时应考虑网络线路和网络设备共享的情况,如果不同级别的定级对象通过通信网络的同一线路和设备传输数据,线路和设备的安全保护策略和安全技术措施应满足最高级别定级对象的等级保护基本要求。

④规定不同级别定级对象的边界安全保护策略和安全技术措施

根据机构总体安全策略文件、等级保护基本要求和安全需求,提出不同级别定级对象的边界安全保护策略和安全技术措施。如果不同级别的定级对象共享同一设备进行边界保护,则该边界设备的安全保护策略和安全技术措施应满足最高级别定级对象的等级保护基本要求。

⑤规定定级对象之间互联的安全技术措施

根据机构总体安全策略文件、等级保护基本要求和安全需求,提出跨局域网互联的定级对象之间的信息传输保护策略要求和具体的安全技术措施,包括同级互联的策略、不同级别互联的策略等。

⑥规定不同级别定级对象内部的安全保护策略和安全技术措施

根据机构总体安全策略文件、等级保护基本要求和安全需求,提出不同级别定级对象内部网络平台、系统平台、业务应用和数据的安全保护策略和安全技术措施。如果低级别定级对象部署在高级别定级对象的网络区域,则低级别定级对象的网络平台、系统平台、业务应用和数据的安全保护策略和安全技术措施应满足高级别定级对象的等级保护基本要求。

⑦规定云计算、移动互联等新技术的安全保护策略和安全技术措施

根据机构总体安全策略文件、等级保护基本要求、行业基本要求和安全需求,提出云计算、移动互联等新技术的安全保护策略和安全技术措施。云计算平台应至少满足其承载的最高级别定级对象的等级保护基本要求。

⑧形成等级保护对象安全技术体系结构

将骨干网或城域网、通过骨干网或城域网的定级对象互联、局域网内部的定级对象互联、定级对象的边界、定级对象内部各类平台、机房以及其他方面的安全保护策略和安全技术措施进行整理、汇总,形成等级保护对象的安全技术体系结构。

3)整体安全管理体系结构设计

①设计等级保护对象的安全管理体系框架

根据等级保护基本要求系列标准、行业基本要求、安全需求分析报告等,设计等级保护对象的安全管理体系框架,如图2-9所示。等级保护对象的安全管理体系框架分为四层。第一层为总体方针、安全策略。通过网络安全总体方针、安全策略明确机构网络安全工作的总体目标、

范围、原则等。第二层为网络安全管理制度。通过对网络安全活动中的各类内容建立管理制度,约束网络安全相关行为。第三层为安全技术标准、操作规程。通过对管理人员或操作人员执行的日常管理行为建立操作规程,规范网络安全管理制度的具体技术实现细节。第四层为记录、表单,网络安全管理制度、操作规程实施时需填写和保留表单、操作记录。

图2-9 等级保护对象的安全管理体系框架

②规定网络安全的组织管理体系和对不同级别定级对象的安全管理职责

根据机构总体安全策略文件、等级保护基本要求系列标准、行业基本要求和安全需求,提出网络安全的机构管理框架,分配不同级别定级对象的安全管理职责,规定不同级别定级对象的组织安全管理策略等。

③规定不同级别定级对象的人员安全管理策略

根据机构总体安全策略文件、等级保护基本要求系列标准、行业基本要求和安全需求,提出不同级别定级对象的人员管理框架,分配不同级别定级对象的安全管理职责,规定不同级别定级对象的人员安全管理策略等。

④规定不同级别定级对象机房及办公区等物理环境的安全管理策略

根据机构总体安全策略文件、等级保护基本要求系列标准、行业基本要求和安全需求,提出各个不同级别定级对象机房和办公环境的安全策略。

⑤规定不同级别定级对象介质、设备等的安全管理策略

根据机构总体安全策略文件、等级保护基本要求系列标准、行业基本要求和安全需求,提出各个不同级别定级对象介质、设备等的安全管理策略。

⑥规定不同级别定级对象运行的安全管理策略

根据机构总体安全策略文件、等级保护基本要求系列标准、行业基本要求和安全需求,提出各个不同级别定级对象运行的安全管理策略。

⑦规定不同级别定级对象安全事件处置和应急管理策略

根据机构总体安全策略文件、等级保护基本要求系列标准、行业基本要求和安全需求,提出各个不同级别定级对象安全事件处置和应急管理策略。

⑧形成等级保护对象安全管理体系结构

将上述各个方面的安全管理策略进行整理、汇总,形成等级保护对象的整体安全管理体系结构。

(3)安全建设项目规划

1)安全建设目标确定

依据等级保护对象安全总体方案(由一个或多个文件构成)、单位信息化建设的中长期

发展规划和机构的安全建设资金状况确定各个时期的安全建设目标。

①信息化建设中长期发展规划和安全需求调查

了解和调查单位信息化建设的现况、中长期信息化建设的目标、主管部门对信息化的投入,对比信息化建设过程中阶段状态与安全策略规划之间的差距,分析急迫和关键的安全问题,考虑可以同步进行的安全建设内容等。

②提出等级保护对象安全建设分阶段目标

制定等级保护对象在规划期内(一般安全规划期为3年)所要实现的总体安全目标;根据等级保护对象目前急迫和关键的问题,制定等级保护对象短期(1年以内)要实现的安全目标,争取在短期内安全状况有大幅度提高。

2)安全建设内容规划

根据安全建设目标和等级保护对象安全总体方案的要求,设计分期分批的主要建设内容,并将建设内容组合成不同的项目,阐明项目之间的依赖或促进关系等。

根据等级保护对象安全总体方案,明确主要的安全建设内容,并将其适当分解。主要建设内容可分解为但不限于以下内容:

- 安全基础设施建设;
- 网络安全建设;
- 系统平台和应用平台安全建设;
- 数据系统安全建设;
- 安全标准体系建设;
- 人才培养体系建设;
- 安全管理体系建设。

将安全建设内容组合为不同的安全建设项目,描述项目所解决的主要安全问题及所要达到的安全目标。分别对项目进行支持或依赖等相关性分析、紧迫性分析、实施难易程度分析、预期效果分析。描述项目的具体工作内容、建设方案,形成安全建设项目列表。

3)形成安全建设项目规划

根据建设目标和建设内容,在时间和经费上对安全建设项目列表进行总体考虑。将项目分到不同的时期和阶段,设计建设顺序,进行投资估算,形成安全建设项目规划。

对等级保护对象分阶段安全建设目标、安全总体方案和安全建设内容等文档进行整理,形成等级保护对象安全建设项目规划。

安全建设项目规划可包含以下内容:

- 规划建设的依据和原则;
- 规划建设的目标和范围;
- 等级保护对象安全现状;
- 信息化的中长期发展规划;
- 等级保护对象安全建设的总体框架;
- 安全技术体系建设规划;
- 安全管理与安全保障体系建设规划;
- 安全建设投资估算(含测试及运维估算等内容);
- 等级保护对象安全建设的实施保障等内容。

2.安全设计与实施

安全设计与实施阶段的目标是按照等级保护对象安全总体方案的要求,结合等级保护对象安全建设项目规划,分期分步落实安全措施。安全设计与实施阶段的工作流程包括安全方案详细设计、技术措施的实现和管理措施的实现,如图2-10所示。

等保实施流程-建设整改-安全设计与实施

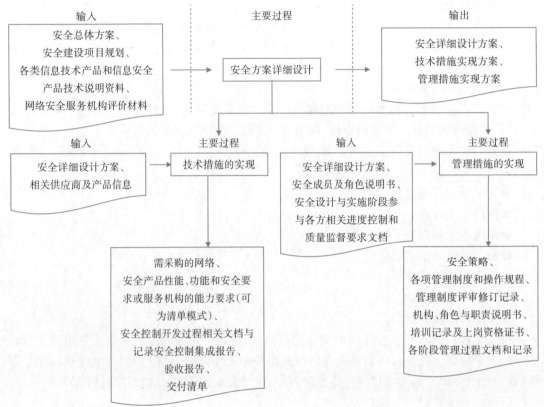

图2-10 安全设计与实施阶段的工作流程

(1)安全方案详细设计

1)技术措施实现内容设计

根据建设目标和建设内容将等级保护对象安全总体方案中要求实现的安全策略、安全技术体系结构、安全措施和要求落实到产品功能或物理形态上,提出能够实现的产品或组件及其具体规范,并将产品功能特征整理成文档,使得在网络安全产品采购和安全控制的开发阶段具有依据。

①结构框架的设计

依据本次实施项目的建设内容和等级保护对象的实际情况,给出与总体安全规划阶段的安全体系结构一致的安全实现技术框架,内容至少包括安全防护的层次、网络安全产品的使用、网络子系统划分、IP地址规划、云计算模式的选取(如有)、移动互联的接入方式(如有)等。

②安全功能及性能要求的设计

对安全实现技术框架中使用到的相关网络安全产品,如防火墙、VPN、网闸、认证网关、代理服务器、网络防病毒、PKI、云安全防护产品、移动终端应用软件与防护产品等提出安全功能及性能指标要求。对需要开发的安全控制组件,提出安全功能及性能指标要求。

③部署方案的设计

结合目前等级保护对象网络拓扑,以图示的方式给出安全技术实现框架的实现方式,包括网络安全产品或安全组件的部署位置、连线方式、IP地址分配等。对于需对原有网络进行调整的,给出网络调整的图示方案等。

④制订安全策略实现计划

依据等级保护对象安全总体方案中提出的安全策略的要求,制订设计和设置网络安全产品或安全组件的安全策略实现计划。

2)管理措施实现内容设计

根据等级保护对象运营、使用单位当前安全管理需要和安全技术保障需要,提出与等级保护对象安全总体方案中管理部分相适应的安全实施内容,以保证在安全技术建设的同时,安全管理得以同步建设。

结合等级保护对象实际安全管理需要和本次技术建设内容,确定本次安全管理建设的范围和内容,同时注意与等级保护对象安全总体方案的一致性。安全管理设计的内容主要考虑:安全策略和管理制度制定、安全管理机构和人员的配套、安全建设过程管理等。

(2)技术措施的实现

1)网络安全产品或服务采购

按照安全详细设计方案中对于产品或服务的具体指标要求进行采购,根据产品、产品组合或服务实现的功能、性能和安全性满足安全设计要求的情况来选购所需的网络安全产品或服务。

①制定产品或服务采购说明书

网络安全产品或服务选型首先需要依据安全详细设计方案的要求,制定产品或服务采购说明书,对产品或服务的采购原则、采购范围、技术指标要求、采购方式等方面进行说明。对于产品的功能、性能和安全性指标,可以依据第三方测试机构所出具的产品测试报告,也可以依据用户自行组织的网络安全产品功能、性能和安全性选型测试结果。对于安全服务的采购需求,应具有内部或外部针对网络安全服务机构的评价结果作为参考。

②选择产品或服务

在依据产品或服务采购说明书对现有产品或服务进行选择时,不仅要考虑产品或服务的使用环境、安全功能、成本(包括采购和维护成本)、易用性、可扩展性、与其他产品或服务的互动和兼容性等因素,还要考虑产品或服务的质量和可信性。产品或服务的可信性是保证系统安全的基础,用户在选择网络安全产品时应确保其符合国家关于网络安全产品使用的有关规定。对于密码产品,应按照国家密码管理的相关规定进行选择和使用。对于网络安全服务,应选取有相关领域资质的网络安全服务机构。

2)安全控制的开发

对于一些不能通过采购现有网络安全产品来实现的安全措施和安全功能,需要通过专门进行的设计、开发来实现。安全控制的开发应与系统的应用开发同步设计、同步实施,因为应用系统一旦开发完成后,再增加安全措施会造成很大的成本投入。因此,在应用系统开发的同时,要依据安全详细设计方案进行安全控制的开发设计,保证系统应用与安全控制同步建设。

①安全措施需求分析

以规范的形式准确表达安全方案设计中的指标要求。在采用云计算、移动互联等新技术情况下分析特有的安全威胁,确定对应的安全措施及其同其他系统相关的接口细节。

②概要设计

概要设计要考虑安全方案中关于身份鉴别、访问控制、安全审计、软件容错、资源控制、数据完整性、数据保密性、数据备份恢复、剩余信息保护和个人信息保护等方面的指标要求。概要设计的内容包括:设计安全措施模块的体系结构、定义开发安全措施的模块组成、定义每个模块的主要功能和模块之间的接口。

③详细设计

依据概要设计说明书,将安全控制的开发进一步细化。对每个安全功能模块的接口、函数要求、各接口之间的关系、各部分的内在实现机理都要进行详细的分析和细化设计。

按照功能的需求和模块划分进行各个部分的详细设计,包含接口设计和管理方式设计等。详细设计是设计人员根据概要设计书进行模块设计,将总体设计所获得的模块按照单元、程序、过程的顺序逐步细化,详细定义各个单元的数据结构、程序的实现算法以及程序、单元、模块之间的接口等,作为以后编码工作的依据。

④编码实现

按照设计进行硬件调试和软件编码。在编码和开发过程中,要关注硬件组合的安全性和编码的安全性,开展论证和测试,并保留论证和测试记录。

⑤测试

开发基本完成后要进行功能和安全性测试,保证功能和安全性达到预期效果。安全性测试需要涵盖基线安全配置扫描和渗透测试,其中,第三级以上系统应进行源代码安全审核。如有行业内或新技术专项要求,应开展专项测试,如国家电子政务领域的网络安全等级保护三级测评、云计算环境安全控制措施测评、移动终端应用软件安全测试等。

⑥安全控制的开发过程文档化

安全控制的开发过程需要将概要设计说明书、详细设计说明书、开发测试报告以及开发说明书等整理归档。

3)安全控制集成

安全控制集成是指将不同的软硬件产品进行集成,依据安全详细设计方案,将网络安全产品、系统软件平台和开发的安全控制模块与各种应用系统综合后整合成为一个系统。运营、使用单位与网络安全服务机构共同参与、相互配合,把安全实施、风险控制、质量控制等有机结合起来,构建集安全态势感知、监测通报预警、应急处置追踪溯源等安全措施于一体的安全管理平台。

①集成实施方案制定

集成实施方案的目标是具体指导工程的建设内容、方法和规范等。实施方案有别于安全设计方案的一个显著特征是其可操作性很强,要具体落实到产品的安装、部署和配置中,实施方案是工程建设的具体指导文件。

②集成准备

集成准备主要是对实施环境进行准备,包括硬件设备准备、软件系统准备、环境准备。为了保证系统实施的质量,网络安全服务机构应依据系统设计方案,制定一套可行的系统质量控制方案,以便有效地指导系统实施过程。该质量控制方案应明确系统实施各个阶段的质量控制目标、控制措施、工程质量问题的处理流程、系统实施人员的职责要求等,并提供详细的安全控制集成进度表。

③集成实施

集成实施的主要工作内容是将配置好策略的网络安全产品和开发控制模块部署到实际的应用环境中,并调整相关策略。集成实施应严格按照集成进度安排进行,出现问题各方应及时沟通。系统实施的各个环节应遵照质量控制方案的要求,分别进行系统集成测试,逐步实现质量控制目标。例如:综合布线系统施工过程中,应及时利用网络测试仪测定线路质量,及早发现并解决质量问题。

④培训

等级保护对象建设完成后,安全服务提供商应向运营、使用单位提供等级保护对象使用说明书及建设过程文档,同时需要对系统维护人员进行必要培训,培训效果的好坏将直接影响今后系统能否安全运行。

⑤形成安全控制集成报告

安全控制集成过程的相关内容都应文档化,并形成安全控制集成报告,包含集成实施方案、质量控制方案、集成实施报告以及培训考核记录等内容。

4)系统验收

系统验收的目的是检验系统是否严格按照安全详细设计方案进行建设,是否实现了设计的功能、性能和安全性。在安全控制集成工作完成后,系统测试及验收是从总体出发,对整个系统进行集成性安全测试,包括对系统运行效率和可靠性的测试,也包括管理措施落实内容的验收。

①系统验收准备

安全控制的开发、集成完成后,要根据安全设计方案中需要达到的安全目标,准备验收方案。验收方案应立足于合同条款、需求说明书和安全设计方案,充分体现用户的安全需求。

另外,应成立验收工作组对验收方案进行审核,组织制订验收计划、定义验收的方法和验收通过准则。

②组织验收

验收工作由验收工作组按照验收计划负责组织实施,组织测试人员根据已通过评审的系统验收方案对等级保护对象进行验收测试。验收测试内容结合详细设计方案,对等级保护对象的功能、性能和安全性进行测试,其中功能测试涵盖功能性、可靠性、易用性、维护性、可移植性等;性能测试涵盖时间特性和资源特性;安全性测试涵盖计算环境、区域边界和通信网络的安全机制验证。

③验收报告

测试完成后需形成验收报告,且需要用户与建设方进行确认。验收报告将明确给出验收的结论。安全服务提供商应根据验收意见尽快修正有关问题,重新进行验收或者转入合同争议处理程序。如果是网络安全等级保护三级(含)以上的等级保护对象,须提交等级保护测评报告作为验收必要文档。

④系统交付

在等级保护对象验收通过以后,要进行等级保护对象的交付,需要安全服务机构提交系统建设过程中的文档、指导用户进行系统运行维护的文档、服务承诺书等。

(3)管理措施的实现

1)安全管理制度的建设和修订

依据国家网络安全相关政策、标准及规范,制定、修订并落实与等级保护对象安全管理相配套的,包括等级保护对象建设、开发、运行、维护、升级和改造等各个环节所应遵循的行为规范和操作规程。

①应用范围明确

管理制度建立首先要明确制度的应用范围,如机房管理、账户管理、远程访问管理、特殊权限管理、设备管理、变更管理、资源管理等方面。

②行为规范规定

管理制度是通过制度化、规范化的流程和行为约束,来保证各项管理工作的规范性。

③评估与完善

制度在发布、执行过程中,要定期进行评估,并保留评估或评审记录。当实际环境和情况变化时,需对制度进行修改和完善,但要保证总体安全方针、安全管理制度、安全操作规程、安全运维记录和表单四层体系文件的一致性。必要时重新制定管理制度,并保留版本修订记录。

2)安全管理机构和人员的设置

建立配套的安全管理职能部门,通过管理机构的岗位设置、人员分工和岗位培训以及各种资源的配备,保证人员具有与其岗位职责相适应的技术能力和管理能力,为等级保护对象的安全管理提供组织上的保障。

①安全组织确定

识别与网络安全管理有关的组织成员及其角色,例如:操作人员、文档管理员、系统管理员、安全管理员等,形成安全组织结构表。

②角色说明

以书面的形式详细描述每个角色与职责,明确相关岗位人员的责任和权限范围,并征求相关人员的意见,要保证责任明确,确保所有的风险都有人负责应对。

③人员安全管理

针对普通员工、管理员、开发人员、主管人员以及安全人员开展特定技能培训和安全意识培训,培训后进行考核,合格者颁发上岗资格证书等。

3)安全实施过程管理

在等级保护对象定级、规划设计、实施过程中,需要对工程的质量、进度、文档和变更等方面的工作进行监督控制和科学管理。

①整体管理

整体管理需要在等级保护对象建设的整个生命周期内,围绕等级保护对象安全级别的确定、整体计划制订、执行和控制,通过资源的整合将等级保护对象建设过程中所有的组成要素在恰当的时间、正确的地方,通过合适的人物结合在一起。并且,要在相互影响的具体目标和方案中权衡和选择,尽可能地消除各单项管理的局限性,保证各要素(进度、成本、质量和资源等)相互协调。

②质量管理

在等级保护对象建设的过程中,要建立一个不断测试和改进质量的过程。在整个等级保护对象的生命周期中,通过测量、分析和修正活动,保证目标的实现。

③风险管理

为了识别、评估和降低风险,在整个等级保护对象建设的过程中,风险管理要贯穿始终,以保证工程活动和全部技术工作项目均得到成功实施。

④变更管理

在等级保护对象建设的过程中,由于各种条件的变化,会导致变更的出现,变更发生在工程的范围、进度、质量、成本、人力资源、沟通和合同等多方面。每一次的变更处理应遵循同样的程序,即相同的文字报告、相同的管理办法、相同的监控过程。并且应确定每一次变更对系统成本、进度、风险和技术要求的影响。一旦批准变更,应设定一个程序来执行变更。

⑤进度管理

等级保护对象建设的实施必须要有一组明确的可交付成果,同时也要有结束的日期。因此在建设等级保护对象的过程中,应制订项目进度计划,绘制进度网络图,将系统分解为不同的子任务,并进行时间控制,确保项目的如期完成。

⑥文档管理

文档是记录项目整个过程的书面资料,在等级保护对象建设的过程中,针对每个环节都有大量的文档输出。文档管理涉及等级保护对象建设的各个环节,主要包括:系统定级、规划设计、方案设计、安全实施、系统验收、人员培训等方面。

2.5.4 等级测评

等保实施流程–
等保测评

1.等级测评工作及测评机构

等级测评工作是指测评机构依据国家网络安全等级保护制度规定,按照有关管理规范和技术标准,对已定级备案的非涉及国家秘密的网络(含信息系统、数据资源等)的安全保护状况进行检测评估的活动。

测评机构是指依据国家网络安全等级保护制度规定,获得国家认证认可监督管理委员会授权的认证机构颁发的网络安全等级测评与检测评估机构服务认证证书,从事等级测评工作的机构。

2.等级测评内容

等级测评内容分为安全物理环境、安全通信网络、安全区域边界、安全计算环境、安全管理中心、安全管理制度、安全管理机构、安全人员管理、安全建设管理、安全运维管理十个层面,如图2-11所示。

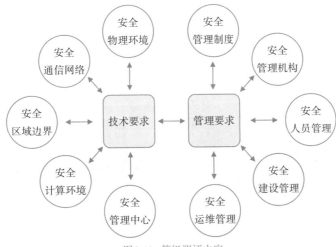

图2-11 等级测评内容

3.等级测评过程中的四个基本测评活动

等级测评过程包括四个基本测评活动,分别是测评准备活动、方案编制活动、现场测评活动、报告编制活动。而测评相关方之间的沟通与洽谈应贯穿整个等级测评过程。每一个基本测评活动有一组确定的工作任务,具体流程如图2-12所示。

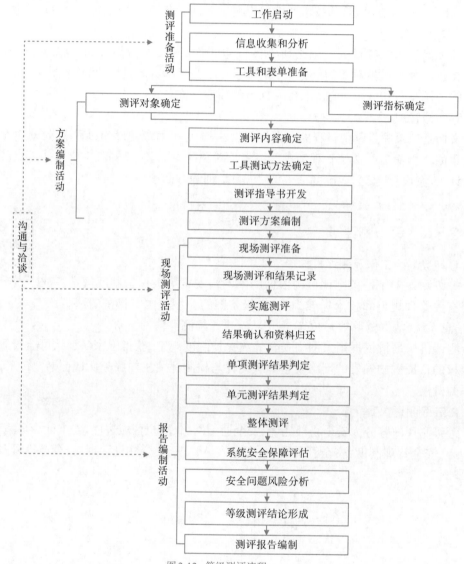

图2-12 等级测评流程

（1）测评准备活动

测评准备活动包含工作启动、信息收集和分析、工具和表单准备三个子步骤。

1）工作启动

在工作启动任务中,测评机构组建等级测评项目组,获取测评委托单位及定级对象的基本情况,从基本资料、人员、计划安排等方面为整个等级测评项目的实施做好充分准备。具体步骤如下:

● 组建评测项目组；

● 编制项目计划书；

● 确定评测委托单位应提供的资料。

2）信息收集和分析

测评机构通过查阅被测定级对象已有资料或使用系统调查表格的方式，了解整个系统的构成和保护情况以及责任部门相关情况，为编写测评方案、开展现场测评和安全评估工作奠定基础。具体步骤如下：

● 查阅定级报告、系统描述文件、系统安全设计方案、上次的等级测评报告（如果有）等资料；

● 根据查阅到的系统情况调整调查表内容；

● 发放调查表给测评委托单位。

3）工具和表单准备

测评项目组成员在进行现场测评之前，应熟悉被测定级对象、调试测评工具、准备各种表单等。具体步骤如下：

● 调试测评工具；

● 模拟被测系统搭建测评环境；

● 模拟测评；

● 准备打印表单。

（2）方案编制活动

方案编制活动包含测评对象确定、测评指标确定、测评内容确定、工具测试方法确定、测评指导书开发、测评方案编制六个子步骤。

1）测评对象确定

根据系统调查结果，分析整个被测定级对象业务流程、数据流程、范围、特点及各个设备及组件的主要功能，确定出本次测评的测评对象。具体步骤如下：

● 识别被测系统的等级；

● 识别被测系统的整体结构；

● 识别被测系统的边界；

● 识别被测系统的网络区域。

2）测评指标确定

根据被测定级对象定级结果确定出本次测评的基本测评指标，根据测评委托单位及被测定级对象业务自身需求确定出本次测评的特殊测评指标。具体步骤如下：

● 识别被测系统业务信息和系统服务安全保护等级；

● 选择对应等级的A、S、G三类安全要求作为测评指标。

3）测评内容确定

确定现场测评的具体实施内容，即单项测评内容。依据《基本要求》，将前面已经得到的测评指标和测评对象结合起来，将测评指标映射到各测评对象上，然后结合测评对象的特点，说明各测评对象所采取的测评方法。如此构成一个个可以具体实施测评的单项测评内容。测评内容是测评人员开发测评指导书的基础。

4）工具测试方法确定

在测评中，需要使用测试工具进行测试，测试工具可能用到漏洞扫描器、渗透测试工具集、协议分析仪等。具体步骤如下：

● 确定需要进行测试的测评对象；

● 选择测试路径；

● 根据测试路径,确定测试工具的接入点。

5)测评指导书开发

测评指导书是具体指导测评人员如何进行测评活动的文档,是对现场测评的工具、方法和操作步骤等的详细描述,是保证测评活动规范的根本。可从已有的测评指导书中选取与测评对象对应的手册。

6)测评方案编制

测试方案是等级测评工作实施的基础,用以指导等级测评工作的现场实施活动。测评方案应该包括但不局限于:项目概述、测评对象、测评指标、测评内容、测评方法等。

（3）现场测评活动

现场测评活动通过与评测委托单位进行沟通和协调,为现场测评的顺利开展打下良好基础,依据测评方案实施现场测评工作,将测评方案和测评方法等内容具体落实到现场测评活动中。现场测评工作应取得报告编制活动所需的、足够的证据和资料。现场测评活动包括现场测评准备、现场测评和结果记录、实施测评、结果确认和资料归还四个子步骤。

1)现场测评准备

现场测评准备是保证测评机构能够顺利实施测评的前提。具体步骤如下:

● 测评委托单位对风险告知书签字确认,了解测评过程中存在的安全风险,做好相应的应急和备份工作;

● 召开测评现场启动会,测评机构介绍现场测评工作安排,双方对测评计划和测评方案中的测评内容和方法进行沟通;

● 双方确认配合人员、环境等资源。

2)现场测评和结果记录

本任务主要是测评人员按照测评指导书实施测评,并将测评过程中获取的证据源进行详细、准确记录。具体步骤如下:

● 依据测评指导书实施测评;

● 记录测评获取的证据、资料等信息;

● 汇总测评记录,如果需要,实施补充测评。

3)实施测评

● 访谈

访谈是指测评人员通过与信息系统有关人员(个人/群体)进行交流、讨论等活动,获取相关证据以表明信息系统安全保护措施是否有效落实的一种方法。在访谈范围上,应基本覆盖所有的安全相关人员类型,数量上可以抽样。

● 检查

检查是指测评人员通过对测评对象进行观察、查验、分析等活动,获取相关证据以证明信息系统安全保护措施是否有效实施的一种方法。在检查范围上,应基本覆盖所有的对象种类(设备、文档、机制等),数量上可以抽样。

● 测试

测试是指测评人员针对测评对象按照预定的方法/工具使其产生特定的响应,通过查看和分析响应的输出结果,获取证据以证明信息系统安全保护措施是否得以有效实施的一种方法。在测试范围上,应基本覆盖不同类型的机制,数量上可以抽样。

4)结果确认和资料归还

本任务主要是将测评过程中得到的证据源记录进行确认,并将测评过程中借阅的文档归还。具体步骤如下:

● 召开现场测评结束会;

● 测评委托单位确认测评过程中获取的证据和资料的正确性,签字认可;

● 测评人员归还借阅的各种资料。

(4)报告编制活动

在现场测评工作结束后,测评机构应对现场测评获得的测评结果进行汇总分析,形成等级测评结论,并编制测评报告。测评报告应包含单项测评结果判定、单元测评结果判定、整体测评、系统安全保障评估、安全问题风险分析、等级测评结论形成、测评报告编制七项内容。

1)单项测评结果判定

本任务主要是针对单个测评项,结合具体测评对象,客观、准确地分析测评证据,形成初步单项测评结果,单项测评结果是形成等级测评结论的基础。主要包括以下两项内容:

● 分析测评项所对抗威胁的存在情况;

● 分析单个测评项对应的多个测评结果的符合情况。

2)单元测评结果判定

本任务主要是将单项测评结果进行汇总,分别统计不同测评对象的单项测评结果,从而判定单元测评结果。主要包括以下两项内容:

● 汇总每个测评对象在每个测评单元的单项测评结果;

● 判定每个测评对象的单元测评结果。

3)整体测评

针对单项测评结果的不符合项及部分符合项,采取逐条判定的方法,从安全控制点间、层面间出发考虑,给出整体测评的具体结果。

4)系统安全保障评估

综合单项测评和整体测评结果,计算修正后的安全控制点得分和层面得分,并根据得分情况对被测定级对象的安全保障情况进行总体评价。

5)安全问题风险分析

测评人员依据等级保护的相关规范和标准,采用风险分析的方法分析等级测评结果中存在的安全问题可能对被测定级对象安全造成的影响。具体步骤如下:

● 判断整体测评后的单元测评结果汇总中部分符合项或不符合项所产生的安全问题被威胁利用的可能性,可能性取值范围为高、中、低。

● 判断整体测评后的单元测评结果汇总中部分符合项或不符合项所产生的安全问题被威胁利用后,对被测信息系统的业务信息安全和系统服务安全造成的影响程度,影响程度取值范围为高、中、低。

● 结合上两步结果,对测评信息系统面临的安全风险进行赋值,风险值的取值范围为高、中、低。

● 结合被测信息系统的安全保护等级,对风险分析结果进行评价,即评价可能对国家安全、社会秩序、公共利益以及公民、法人和其他组织的合法权益造成的风险。

6)等级测评结论形成

统计再次汇总后的单项测评结果为部分符合和不符合项的项数,形成等级测评结论。

7)测评报告编制

测评报告应包括:测评项目概述、被测信息系统情况、等级测评范围和方法、单元测评、整体测评、测评结果汇总、风险分析和评价、等级测评结论、安全建设整改建议等。

2.5.5 监督检查

等保实施流程—
监督检查

根据等级保护管理部门对等级保护对象定级、规划设计、建设实施和运行管理等过程的监督检查要求,等级保护管理部门应按照国家、行业相关等级保护监督检查要求及标准制定监督检查方案及表格,开展监督检查工作。

主管部门及运营、使用单位应准备相应的监督检查材料,配合等级保护管理部门检查,确保等级保护对象符合安全保护相应等级的要求。

检查的主要内容包括:

●等级保护工作组织开展、实施情况,安全责任落实情况,等级保护对象安全岗位和安全管理人员设置情况;

●按照网络安全法律法规、标准规范的要求制定具体实施方案和落实情况;

●等级保护对象定级备案情况,等级保护对象变化及定级备案变动情况;

●网络安全设施建设情况和网络安全整改情况;

●网络安全管理制度建设和落实情况;

●网络安全保护技术措施建设和落实情况;

●选择使用网络安全产品情况;

●聘请测评机构按规范要求开展技术测评工作情况,根据测评结果开展整改情况;

●自行定期开展自查情况;

●开展网络安全知识和技能培训情况。

2.6 网络安全等级保护与信息安全风险评估的关系

信息系统由于要支持企业完成相应的使命、任务或实现企业战略目标,往往成为竞争对手、黑客等各种攻击者攻击的目标和对象。同时,系统自身的脆弱性被外界或内部的威胁所利用后,导致安全事件频发。实施网络安全等级保护,可以将信息系统依据其重要程度划分为不同等级,分别实施相应的安全保护。

在信息系统安全生命周期的各个阶段中,往往会由于各种原因导致信息安全风险:首先,由于在信息系统规划与设计阶段,运营者对安全目标和策略认识不够清晰,没有识别及分析安全因素,导致风险延续到信息系统的实施和运维阶段;其次,已建设完成的信息系统往往规模庞大、系统复杂,数据安全属性要求存在差异,如果没有对业务需求和流程进行科学分析,对整个信息系统采用相同的风险评估方法及安全保护措施,轻则使得资源无法得到合理配置,重则造成信息系统安全风险。因此,建设安全的信息系统须在信息系统的全生命周期中不断进行风险评估,同时考虑系统等级的要求,综合平衡系统风险与安全投资成本,最终才能够建设满足实际需要的安全的信息系统。

信息安全风险评估贯穿于等级保护的系统定级、安全整改与等级测评阶段。其中,信息安全风险评估实施方法可以参考《信息安全技术 信息安全风险评估方法》(GB/T 20984-2022),下文简称《风险评估方法》。

2.6.1　系统定级阶段

系统定级是根据信息系统遭到破坏后对国家安全、社会秩序、公共利益以及公民、法人和其他组织的合法权益的危害程度等因素确定的。每一个系统运营者须从业务需求出发,依据风险评估方法对所评估信息资产的重要性、威胁发生的频率,以及系统自身脆弱性的严重程度进行识别和关联分析,判断信息系统面临的风险及应采取什么强度的安全措施。因此,风险评估的结果可作为确定信息系统保护级别的一个参考依据。

2.6.2　安全整改阶段

安全整改是根据信息安全等级保护国家标准的要求,从技术与管理两个方面选择不同强度的安全措施,来确保信息系统满足相应的等级要求。风险评估在整改阶段直接发挥作用,即针对现有系统进行评估和加固,然后再进行安全设备部署等。在整改过程中也会发生安全事件并可能带来长期的安全隐患,如产品部署过程中设置的超级用户和口令没有完全移交给用户、防火墙部署后长时间保持透明策略等都会带来严重的问题,风险评估有助于运营者及早发现并解决这些问题。信息系统进行安全整改后,在长期的安全运行维护过程中,运营者需要通过定期对信息系统进行风险评估,以确保:维护现有安全措施级别的有效性;根据客观情况的变化以及系统内部建设的实际需要,及时调整保护等级以防止过度保护或保护不足。

2.6.3　等级测评阶段

《测评要求》所要求的测评结论包含两个部分,即风险分析和评价与等级测评结论。在等级保护测评过程中,往往对后者执行得比较好,而对前者的关注度则比较弱。风险评估的过程缺乏完整的方法论支持,会严重削弱报告中的"主要安全问题及整改建议"部分的说服力。更重要的是,由于没有完整的风险评估过程,使得发现问题、解决问题的过程没有一个证据链,这将导致风险和建议的控制与评估对象缺乏清晰的对应。因此,等级测评,不仅仅是测(test),更要加强评(evaluate)。在这个过程中,不仅可以让等级保护对象运营者明白问题所在,也能让他们明白问题的严重性,从而更准确地判断问题的优先级,提出最优化的解决途径。

综上所述,信息安全风险评估是网络安全等级保护的基础性工作,是保证等级保护连续性的重要手段之一,具体体现为:

● 在系统定级阶段用于帮助确定系统的安全等级;

● 在安全整改阶段作为评估系统是否达到安全等级的重要依据,同时在后续的安全运行维护过程中定期开展风险评估可以帮助确认安全等级是否发生变化;

● 在等级测评阶段作为系统存在问题的依据,用于形成发现问题、解决问题的完整逻辑链条。

2.7　思考与练习

1.什么是网络安全等级保护?为什么要做等级保护?等级保护怎么做?

2.简述等级保护发展历程。

3.与等级保护相关的法律、法规分别有哪些?

4.等级保护的主要标准有哪些,它们之间的关系是怎样的?

5.等级保护实施流程分为几个阶段,分别参考哪些政策和标准?

6.等级保护与信息安全风险评估之间有什么关系?

7.实施网络安全等级保护的好处有哪些?

2.8　本学习单元附件

1.附件2-1 网络安全等级保护标准明细表	2.附件2-2 信息系统安全等级保护备案表模板
网络安全等级 保护标准明细表	信息系统安全等级 保护备案表模板

3.附件2-3 信息系统安全等级保护定级报告模板

信息系统安全等级
保护定级报告模板

2.9 拓展阅读

1.中华人民共和国网络安全法(全文)链接。

网络安全法全文
链接

2.技术人员违法典型案例解读。

华为员工越权访问
机密数据被判刑

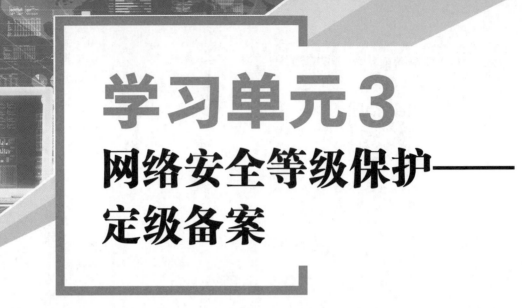

学习单元3
网络安全等级保护——定级备案

"凡事豫则立,不豫则废",《礼记·中庸》。

知识目标

◆ 了解:等级保护对象定级备案的依据、流程和方法。
◆ 熟知:等级保护对象定级备案过程中需要提交的材料。
◆ 掌握:等级保护对象定级备案相关材料的收集、制作方法。

能力目标

◆ 能够根据等级保护对象的相关情况确定主体责任单位和责任部门。
◆ 能够根据等级保护对象的相关情况明确等级保护对象的业务信息等级和系统服务等级。
◆ 能够根据备案要求收集信息系统的相关信息,整理并编制备案相关材料。

素质目标

◆ 通过学习等级保护定级备案的相关知识,培养学生善于规划、善于制定目标的能力,让学习做到有的放矢。
◆ 通过定级备案材料的收集、分析和编制,培养学生收集归纳、自主分析的学习习惯。
◆ 通过学习目标实验和案例,帮助学生建立职业理想,形成初步的职业规划。

【学习项目1】水质监测系统的定级备案

本书将以滨海市生态环境局水质监测系统(下文简称水质监测系统)为例,介绍网络安全定级备案全过程。

3.1 任务3-1系统调研与信息分析

任务概况与调研分析

系统调研及信息分析是定级工作的前提,定级人员开展信息系统调研时可编制信息系统调查表,采用访谈或者现场实地调查的方式获取信息系统相关信息。调查内容包括但不限于:责任单位划分、机房位置、系统软硬件资产、系统业务情况、数据收集与存储情况、安全相关人员、安全管理文档、新技术新应用。信息系统调查表样例见附件3-1。

3.1.1 基本情况调研

基本情况调研内容包括:系统相关方概况、系统网络拓扑结构概况、系统业务流程概况等。

1.系统相关方概况

系统相关方主要包括系统使用单位/人员、系统开发单位/人员、系统运行维护单位/人员、系统归属单位/人员等系统运行生命周期中涉及的相关单位和人员。定级人员可调研相关方调查系统具体的责任归属信息,以及系统的网络安全负责人、系统网络结构、系统业务服务等情况。

经调研,水质监测系统属于滨海市生态环境局,是该局用于监测、收集、统计以及分析单位各监测点地表水水质相关数据的信息系统,主要为单位内部人员制定水务管理政策提供基本依据。该系统由A单位开发,滨海市生态环境局负责系统的日常运行维护,其中,环境监测部为该系统的业务使用部门,网络安全部为该系统的安全运维部门。

2.系统网络拓扑结构概况

1)拓扑图梳理原则

梳理系统网络拓扑结构时可以采取由总到分、由外到内、虚实兼顾的原则。

●由总到分原则:当拓扑图很大的时候,分总图和分图进行绘制。其中,总图明确区域和边界,分图描述内部的区域细节。

●由外到内原则:外部边界关注与上级、下级机构,互联网,其他单位的互联情况;内部区域关注内部网络区域划分与互联,边界隔离设备,区域内的关键设备、主要设备情况。

●虚实兼顾原则:虚拟的网络结构和设备与实体的网络结构和设备要兼顾考虑。

2)网络结构调研与分析

经调研,水质监测系统部署在滨海云平台上,包括公有云、私有云和滨海市生态环境局三个区域。公有云边界为互联网,专有云边界为政务外网。

●按照由总到分的原则进行分析:水质监测系统整体可分为滨海市生态环境局与云上网络区域2个大区域,其中云上网络区域分为专有云网络区域和公有云网络区域。

●按照由外到内的原则进行分析:各环保部门通过政务外网访问该系统,各水质采集站点借助运营商4G/5G网络并通过政务外网将水质监测数据上传到部署在专有云上的服务器和数据库中;APP和网页用户通过互联网访问部署在公有云上的服务器,实现水质监测系统的业务访问。水质监测系统通过专有云和公有云区域的网络安全服务(如云安全中心、防火墙等)提供对外的防护。系统内部通过部署在专有云和公有云中的服务器相互交互实现数据采集处理和提供对外服务,专有云和公有云通过防火墙实现系统内部的访问控制。管理人员通过专有云和公有云中部署的堡垒机分别对专有云和公有云上的资源进行运行维护。

●按照虚实兼顾的原则进行分析:本地网络区域包括6台管理终端和6台业务终端,管理终端实现云上虚拟网络和安全设备以及服务器的运维,业务终端实现业务处理功能。此外,滨海市生态环境局安全管理区内部署了防火墙、上网行为管理设备、准入设备、日志审计系统等实体设备,进行访问控制、上网行为管理、准入控制和审计管理;云上网络区域部署了云安全中心基础版、防火墙、负载均衡、堡垒机等虚拟网络和安全设备提供入侵防范、访问控制、运维审计等功能;部署了ECS(云服务器)提供业务服务,并通过VPC(专有网络)和安全组(虚拟防火墙)实现ECS(云服务器)之间的逻辑隔离。

根据水质监测系统在公有云、专有云、滨海市生态环境局区域部署的设备和服务情况,滨海市生态环境局分别编制了相关设备与服务的资产表。

①公有云

公有云内各设备与服务的名称及功能见表3-1。

表3-1　　　　　　　　　　　公有云内各设备与服务的名称及功能

序号	设备与服务名称	功能
1	云安全中心基础版(公有云)	对网络攻击、恶意代码等安全事件进行检测、阻断。通过安全组功能实现对服务器的访问控制
2	防火墙	实现对云内云外的访问控制(逻辑隔离)
3	负载均衡	实现对后端资源和服务器流量的均衡分配
4	水质监测应用服务器	云平台ECS,用于部署水质监测系统
5	公有云堡垒机	实现服务器运维管理与运维审计功能

②专有云

专有云内各设备与服务的名称及功能见表3-2。

表3-2　　　　　　　　　　　专有云内各设备与服务的名称及功能

序号	设备与服务名称	功能
1	云安全中心基础版(专有云)	对网络攻击、恶意代码等安全事件进行检测、阻断。通过安全组功能实现对服务器的访问控制
2	防火墙	实现对云内云外的访问控制(逻辑隔离)
3	负载均衡	实现对后端资源和服务器流量的均衡分配
4	服务器	云平台ECS,包括:数据交换服务、模型服务器、通信服务器、GIS服务器等,主要为系统提供相应业务处理、数据交换、调用和缓存等服务
5	RDS数据库	存储系统数据
6	专有云堡垒机	实现服务器运维管理与运维审计功能

③滨海市生态环境局

云租户侧各设备与服务的名称及功能见表3-3。

表3-3　　　　　　　云租户侧各设备与服务的名称及功能

序号	设备与服务名称	功能
1	上网行为管理	对内部用户的上网行为进行单独的行为审计和分析
2	准入设备	实现限制非授权设备私自接入内网的行为管控功能
3	政务外网边界防火墙-1	实现单位内部网络的边界防护和访问控制
4	政务外网边界防火墙-2	实现单位内部网络的边界防护和访问控制
5	日志审计系统	对实体安全设备日志进行统一收集、存储
6	运维终端	实现系统设备的运维
7	业务终端	实现业务处理功能

水质监测系统网络拓扑结构图如图3-1所示。

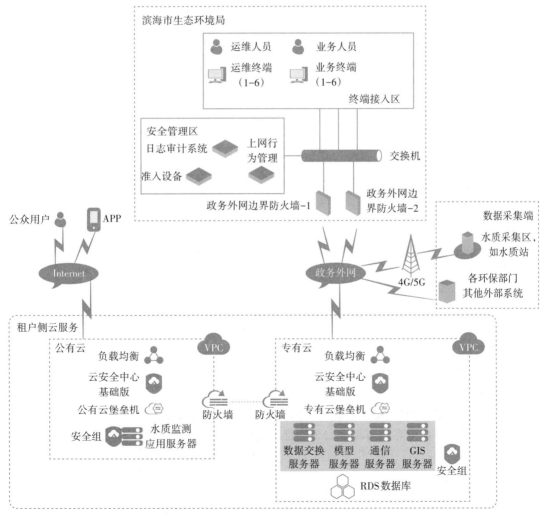

图3-1　水质监测系统网络拓扑结构图

3.系统业务流程概况

可以通过对系统管理人员(如运维人员)和业务使用人员进行访谈和现场演示的方式,了解各相关人员对系统的使用和管理情况,明确系统业务流程有助于我们全面了解等级保护对象及其各详细业务。

经调研核查,水质监测系统主要负责滨海市范围内各监测点的水质、水位监测信息的收集、存储、分析、预警等,为单位内部人员提供信息查询、报表下载等服务,以便于滨海市生态环境局工作人员根据以上信息制定水环境管理政策。服务对象是滨海市生态环境局内部工作人员与滨海市人民群众。

水质监测系统业务流程主要包括现场数据采集、数据处理、业务办理、运行维护等4个环节。

1)现场数据采集:由现场采集装置对各监测点监测到的水质、水位等水环境信息进行采集,并上传系统。

2)数据处理:系统对监测点的水质、水位等水环境信息进行存储,对相关信息进行统计、筛选、生成分析报表等处理,并根据用户设置的阈值对相关数据进行预警和推送。

3)业务办理:工作人员可以通过访问该系统浏览、查询水环境监测信息,并可以下载相关数据的分析报表;业务人员通过水质监测和预警数据进行研判,并根据水质监测和预警数据制定水环境管理政策。

4)运行维护:管理人员负责对应用系统进行运行维护、业务数据备份恢复等。

3.1.2 基本情况确认

开展定级工作时需要确认的基本内容包括:定级对象、责任主体、业务信息、功能服务、服务对象、网络拓扑结构、资产清单、系统所涉及的网络安全技术等内容。

1.定级对象确认

水质监测系统是由计算机及其相关配套设备、设施构成的,是按照一定的应用目标和规则对业务信息进行采集、加工、存储、传输、检索的人机系统,符合《定级指南》中定级对象的基本特征,因此可以作为单独的定级对象。

2.责任主体确认

定级对象责任主体包括备案单位与责任部门,确定备案单位是开展定级备案工作的第一步,由备案单位负责等级保护对象定级备案阶段的材料准备与提交。

1)备案单位确认

根据公通字〔2007〕43号和公网安〔2020〕1960号文件规定,网络运营者就是备案单位,对等级保护对象负有安全保护责任。

以水质监测系统为例,水质监测系统属于滨海市生态环境局,是该局用于监测、收集、统计以及分析单位各监测点地表水水质等信息的信息系统。滨海市生态环境局是水质监测系统的所有者、运营者和使用者,因此该局为水质监测系统的备案单位。

2)责任部门确认

等级保护对象的定级责任部门一般为备案单位内部的网络安全部门,或等级保护对象的业务使用部门,定级责任部门对等级保护对象负有安全保护义务。具体责任部门由备案单位自行确定。

根据调研结果,水质监测系统的业务使用部门为滨海市生态环境局的环境监测部,安全运维部门为滨海市生态环境局的网络安全部,经滨海市生态环境局内部讨论决定该系统的定级责任部门为网络安全部。

3.网络拓扑结构确认

网络拓扑结构图是对等级保护对象实际部署情况以及范围的直观表现,须确保拓扑结构图与系统实际部署情况的一致性和真实性。确认拓扑结构图时需重点关注以下几点:

● 系统与外部边界的连接情况;
● 系统内部各区域之间的连接情况;
● 系统内部各区域主要设备的部署和连接情况。

1)系统边界确认

经访谈和检查,公有云边界为互联网,专有云边界为政务外网;系统内部区域边界为公有云与私有云边界;边界情况与拓扑结构图一致。

2)系统各区域情况确认

经访谈和检查,系统由公有云、专有云、滨海市生态环境局三个区域组成。公有云和专有云部署在滨海云平台上,公有云与专有云通过防火墙连接;云平台与本地网络通过政务外网连接;区域连接情况与拓扑结构图一致。

3)各区域设备情况确认

经访谈和检查,系统各区域内部部署的网络和安全设备、主机设备等产品的厂家、型号、数量等信息均与拓扑结构图一致;各设备连接情况均与拓扑结构图一致。

4.系统业务与系统服务确认

根据调研信息可以明确水质监测系统主要提供滨海市生态环境局各监测点的水质、水位监测信息收集、存储、分析、预警功能,并为单位工作人员提供信息查询、报表下载等服务。

系统服务范围是滨海市,服务对象是滨海市生态环境局内部人员与滨海市人民群众。

5.备案要求确认

备案单位初步确认等级保护对象的安全保护等级后,须在单位所在地的公安部门进行备案。根据各地市公安部门规定的定级备案材料要求,定级人员准备相应材料。

经确认,滨海市生态环境局所在地公安部门要求的定级备案材料为备案表、定级报告等,模板详见附件3-2、附件3-3。

3.2 任务3-2初步确定等级

初步确定等级

基本确认系统的业务信息和系统服务后,定级人员可以按照《定级指南》分别确定业务信息安全保护等级和系统服务安全保护等级,进而初步确定系统的安全等级。

3.2.1 业务信息安全保护等级的确定

1.业务信息描述

水质监测系统的业务信息包括：水质、水位监测信息，水环境分析和监测预警信息等。

2.业务信息安全被破坏时所侵害客体的确定

水质监测系统的业务信息遭到入侵、修改、增加、删除等不明侵害时，导致的后果表现为：

1）若水质、水位监测信息丢失，会直接增加人工数据分析的工作量，降低工作效率。工作人员无法及时发布预警信息或制定对策，导致水环境管理业务无法正常开展，可能会对公共利益造成严重损害。

2）若水质、水位监测信息被篡改，会影响水质分析和进一步的监测预警的准确性，造成滨海市生态环境局根据错误信息制定水环境管理政策，可能会对公共利益造成严重损害。

综合分析，该业务信息遭到破坏时，不损害国家安全，但会对社会秩序和公共利益造成损害。

3.业务信息安全被破坏时对所侵害客体的侵害程度的确定

由上文分析可知，水质监测系统的信息受到破坏时对所侵害客体的侵害程度为"严重损害"，即单位工作职能受到严重影响，社会秩序和公共利益受到严重损害。

4.业务信息安全保护等级的确定

根据水质监测系统业务信息安全被破坏时所侵害的客体以及相应客体的侵害程度，依据表3-4，可得到水质监测系统的业务信息安全保护等级为第三级。

目标实验

表3-4　　　　　　　　　　　　　　　业务信息安全保护等级矩阵表

业务信息安全被破坏时所侵害的客体	对相应客体的侵害程度		
	一般损害	严重损害	特别严重损害
公民、法人和其他组织的合法权益	第一级	第二级	第二级
社会秩序、公共利益	第二级	第三级	第四级
国家安全	第三级	第四级	第五级

3.2.2 系统服务安全保护等级的确定

1.系统服务描述

水质监测系统主要提供滨海市生态环境局各监测点水质、水位监测信息的收集、存储、分析、预警功能，并为单位工作人员提供信息查询、报表下载等服务。服务对象是滨海市生态环境局内部人员与滨海市人民群众。

2.系统服务安全被破坏时所侵害客体的确定

该系统服务遭到破坏后，客观方面表现的侵害结果为：

1）不能及时获取最新水质监测信息，无法进行分析与预警，影响整个水质监测系统运行。

2）水环境监测的日常工作难以开展,单位职能受到严重影响。

3）不能向上级和社会公众及时提供水质信息和分析预警,对社会秩序和公共利益造成严重损害。

综合分析,该系统服务遭到破坏时,不损害国家安全,但会对社会秩序和公共利益造成损害。

3. 系统服务安全被破坏时对侵害客体的侵害程度的确定

由上文分析可知,水质监测系统的系统服务安全被破坏时对侵害客体的侵害程度为"严重损害",即单位工作职能受到严重影响,社会秩序和公共利益受到严重损害。

4. 系统服务安全保护等级的确定

根据水质监测系统服务安全被破坏时所侵害的客体以及相应客体的侵害程度,依据表3-5,可得到水质监测系统的系统服务安全保护等级为第三级。

表3-5　　　　　　　　　　**系统服务安全保护等级矩阵表**

系统服务被破坏时所侵害的客体	对相应客体的侵害程度		
	一般损害	严重损害	特别严重损害
公民、法人和其他组织的合法权益	第一级	第二级	第二级
社会秩序、公共利益	第二级	第三级	第四级
国家安全	第三级	第四级	第五级

3.2.3　水质监测系统的安全保护等级的确定

信息系统的安全保护等级由业务信息安全保护等级和系统服务安全保护等级较高者决定,最终确定水质监测系统的安全保护等级为第三级,见表3-6。

表3-6　　　　　　　　　　**信息系统安全保护等级表**

信息系统名称	安全保护等级	业务信息安全保护等级	系统服务安全保护等级
水质监测系统	第三级	第三级	第三级

3.3　任务3-3定级评审和备案

定级评审和备案

3.3.1　定级备案材料编制

根据附件3-1以及系统相关人员的访谈填写备案材料,包括备案表、定级报告及其若干附件,具体见附件3-2至附件3-6。

3.3.2　专家评审与主管部门审核

按照网络安全等级保护制度要求,备案单位的等级保护对象在公安部门备案之前须经过专家评审和主管部门(行业主管部门)审核。专家评审通过后,有主管部门的备案单位需提交主管部门进行定级审核。专家评审和主管部门审核未通过的,须按照专家指导意见和主管部门审核意见对定级备案材料进行修订,修订版通过审核后方可提交公安部门进行备案。

1.专家评审

按照地方专家评审要求提交评审材料,经滨海市公安部门组织的专家评审,同意水质监测系统的安全保护等级为第三级,并出具专家评审意见,见附件3-7。

2.主管部门审核

通过专家评审后,提交相应材料至行业主管部门或上级主管部门进行审批。

经主管部门江海省环境保护厅评审,同意水质监测系统的安全保护等级为第三级,并下发评审意见(见附件3-8)。

3.3.3　提交公安部门备案

水质监测系统的定级备案材料经过专家评审和主管部门(江海省环境保护厅)审核后,提交到备案单位所在地(滨海市)的公安网安大队进行备案。网安大队接收并通过审核后下发备案证,水质监测系统的备案证见附件3-9。

3.4　技能与实训

1.某单位有一套办公系统,主要为单位内部工作人员(100人)提供日常办公业务处理等功能,如:发布通知公告、行政流程审批、考核统计等。请回答下列问题:

(1)该系统的业务信息是什么?

(2)该系统的系统服务是什么?

(3)系统被破坏时所侵害客体是什么?

(4)该系统的安全保护等级为第几级?

2.某地市级人民政府新建了一个门户网站系统,该门户网站提供政策发布更新、政府信息公开、市民互动、政务信息查询等功能。请问该系统的安全保护等级应定为第几级? 为什么?

3.5 本学习单元附件

1.附件3-1信息系统基本情况调查表样例

信息系统基本情况
调查表样例

2.附件3-2水质监测系统备案表

水质监测系统备案表

3.附件3-3水质监测系统定级报告

水质监测系统
定级报告

4.附件3-4定级报告附件1-网络拓扑结构及说明文档

附件1-网络拓扑
结构及说明文档

5.附件3-5定级报告附件2-安全组织机构及管理制度

附件2-安全组织机
构及管理制度

6.附件3-6定级报告附件3-系统使用的安全产品清单及认证、销售许可证明

附件3-系统使用的
安全产品清单及认
证、销售许可证明

7.附件3-7信息系统网络安全等级保护定级评审意见表

信息系统网络安全
等级保护定级评审
意见表

8.附件3-8主管部门定级评审意见

主管部门定级评审
意见

9.附件3-9水质监测系统备案证

水质监测系统
备案证

3.6 拓展阅读

周恩来报国理想
目标故事

学习单元4
网络安全等级保护——建设整改

"思则有备,有备无患。"出自左丘明《左传·襄公十一年》。

知识目标

◆ 了解:等级保护对象建设整改的依据和过程。
◆ 熟知:各类常见安全产品的功能和特点。
◆ 掌握:等级保护对象安全需求分析、整改方案设计、安全整改实施等方法。

能力目标

◆ 会利用差距分析等手段进行信息系统安全需求深度挖掘与分析。
◆ 会根据安全需求制定安全技术体系方案和安全管理体系方案。
◆ 具备根据安全建设方案进行安全设备选型、采购、配置及安全管理制度体系的新增和完善等能力。

素质目标

◆ 通过讲解等级保护安全建设中需求分析、方案制定、安全整改三个环节,培养学生形成"找差距、明方向、补短板"的做事思路。

◆ 根据本学习单元从技术与管理两个角度各五个方面全面展开建设整改,培养学生全面、系统、整体、持续的思考习惯和严谨的工作态度。

◆ 通过学习终端设备风险案例和习近平总书记寄语,培养学生面对未来工作的安全意识和风险意识,提高学生安全技术应用的边界感。

【学习项目2】水质监测系统的建设整改

本项目将从技术与管理两个部分分别介绍水质监测系统与国家安全标准之间存在的差距,找到系统的安全隐患和不足,并利用技术与管理两方面相结合的安全整改措施,提高网络和信息系统的安全防护能力,降低各种攻击的风险。

4.1　任务4-1项目分析

4.1.1　项目背景

在外部安全风险和内部合规要求的共同推动下,为了加强水质监测系统的网络安全防护能力和单位的安全管理能力,满足网络安全等级保护第三级系统的技术要求和管理要求,滨海市生态环境局分析了当前水质监测系统与国家安全标准之间存在的差距,找到了系统的安全隐患和不足,制定了水质监测系统安全规划设计方案并进行落实建设,从而提高了信息系统的网络安全防护能力,降低了系统被攻击的风险。本次以水质监测系统为例,着重展示安全技术和管理体系的建设要点。

4.1.2　建设目标

水质监测系统以"一个中心,三重防护"为安全技术规划设计的总体思路,构建集防护、检测、响应、恢复于一体的全面的安全保障体系。

"一个中心"是指安全管理中心,即构建先进高效的安全管理中心,实现对系统、产品、设备、策略、信息安全事件、操作流程等的统一管理。

"三重防护"是指构建安全通信网络、安全区域边界、安全计算环境三位一体的技术防御体系,安全技术体系是纵深防御体系的具体实现。

1.安全管理中心建设目标

安全管理中心的建设目标是将水质监测系统的安全区域边界、安全通信网络和安全计算环境上的安全机制进行统一管理,包括系统管理、安全管理和审计管理三部分。

2.安全通信网络建设目标

安全通信网络的建设目标主要是保障水质监测系统网络通信数据传输和网络整体架构的安全性。

3.安全区域边界建设目标

安全区域边界的建设目标主要是加强水质监测系统网络边界的访问控制能力。

4.安全计算环境建设目标

安全计算环境的建设目标是针对信息存储、处理及实施安全策略的相关部件,为水质监测系统打造一个可信、可靠、安全的计算环境。从身份鉴别、访问控制、安全审计、数据机密性及完整性保护等方面,全面提升水质监测系统的安全。

5.安全管理体系建设目标

安全管理体系的建设目标是通过建立、健全水质监测系统网络安全管理制度、机构和人员要求,提升其网络安全管理能力,满足第三级系统网络安全等级保护相关管理要求。

4.1.3　建设依据

在整个安全技术规划建设过程中,充分遵循网络安全等级保护的有关文件、标准及相关规范,并考虑整体管理控制机制。具体可见2.2.2节里的相关标准与规范。

4.1.4　建设环节

建设环节主要包括需求分析、方案设计、安全整改三个环节,如图4-1所示。本次案例需求主要通过差距分析的手段产生。

等级保护建设目标
及环节简介

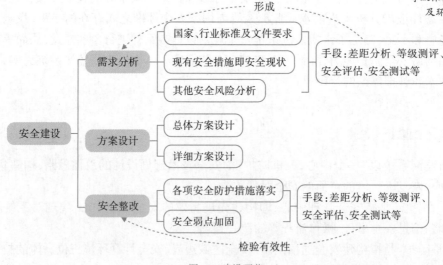

图4-1　建设环节

4.2　任务4-2水质监测系统的建设整改——技术部分

本任务以水质监测系统为例,介绍网络安全等级保护中建设整改环节在技术部分的要求及具体实施细节。

安全技术差距分析　　安全技术需求

4.2.1　安全技术需求分析

1.安全技术差距分析

根据《基本要求》,结合3.1.1所述的水质监测系统基本情况,采用差距分析手段来分析判断目前系统的安全水平与等级保护标准要求之间的差距。根据行业监管要求和网络安全发展形势,结合系统目前面临的安全风险,形成安全技术建设整改的需求。

（1）安全通信网络

水质监测系统在安全通信网络方面的差距分析结果见表4-1。

表4-1　　　　　　　　　　　安全通信网络差距分析结果

差距分析对象	评估点	评估项	结果记录	符合程度
安全通信网络	网络架构	a)应保证网络设备的业务处理能力满足业务高峰期需要	水质监测系统部署在滨海云平台,在云平台中部署了负载均衡,能够对网络流量进行分发,防止虚拟网络设备的处理性能达到瓶颈情况。同时查看近期的安全设备和虚拟网络设备的CPU、内容使用率不超过70%,满足业务高峰需求	符合
		b)应保证网络各个部分的带宽满足业务高峰期需要	通过云监控对水质监测系统ECS实例进行监控,目前内网最大带宽为1 Gbit/s,业务高峰期带宽使用率不超过40%;水质监测系统采用了负载均衡,能够实现网络流量分发,业务高峰期带宽满足业务需求	符合
		c)应划分不同的网络区域,并按照方便管理和控制的原则为各网络区域分配地址	该系统服务器均采用虚拟专有网络(VPC)部署,IP地址由滨海云平台管理人员统一分配,并对水质监测系统单独分配了VPC专有网络。租户终端本地针对安全设备划分了安全区	符合
		d)应避免将重要网络区域部署在边界处,重要网络区域与其他网络区域之间应采取可靠的技术隔离手段	网络拓扑图与实际网络运行环境一致。重要网络区域未部署在网络边界处。重要网络区域与其他网络区域之间通过负载均衡、安全组策略实现技术隔离。在滨海市生态环境局机房部署的交换机中划分了不同的VLAN,实现安全管理区与其他区域的逻辑隔离	符合
		e)应提供通信线路、关键网络设备和关键计算设备的硬件冗余,保证系统的可用性	通信线路、关键网络设备等硬件冗余,由滨海云平台提供。但未实现水质监测应用服务器热冗余部署	部分符合
	通信传输	a)应采用校验技术或密码技术保证通信过程中数据的完整性	云控平台采用HTTPS协议进行管理,但是水质监测系统采用HTTP协议进行管理,不能保证通信过程中数据的完整性	部分符合
		b)应采用密码技术保证通信过程中数据的保密性	云控平台采用HTTPS协议保证通信过程中数据的机密性,但是水质监测系统采用HTTP协议进行管理,无法保证通信过程中数据的保密性	部分符合
	可信验证	可基于可信根对通信设备的系统引导程序、系统程序、重要配置参数和通信应用程序等进行可信验证,并在应用程序的关键执行环节进行动态可信验证,在检测到其可信性受到破坏后报警,并将验证结果形成审计记录送至安全管理中心	该要求为可选择项,在本次差距分析中不涉及	不适用

水质监测系统在安全通信网络云计算扩展方面的差距分析结果见表4-2。

表4-2 安全通信网络云计算扩展差距分析结果

差距分析对象	评估点	评估项	结果记录	符合程度
安全通信网络	网络架构	a)应保证云计算平台不承载高于其安全保护等级的业务应用系统	滨海云平台安全等级为S3A3G3，水质监测系统安全等级为S3A3G3，不高于云计算平台的安全保护等级	符合
		b)应实现不同云服务客户虚拟网络之间的隔离	该条款不适用于滨海市生态环境局云租户差距分析	不适用
		c)应具有根据云服务客户业务需求提供通信传输、边界防护、入侵防范等安全机制的能力	该条款不适用于滨海市生态环境局云租户差距分析	不适用
		d)应具有根据云服务客户业务需求自主设置安全策略的能力，包括定义访问路径、选择安全组件、配置安全策略	该条款不适用于滨海市生态环境局云租户差距分析	不适用
		e)应提供开放接口或开放性安全服务，允许云服务客户接入第三方安全产品或在云计算平台选择第三方安全服务	该条款不适用于滨海市生态环境局云租户差距分析	不适用

（2）安全区域边界

水质监测系统在安全区域边界方面的差距分析结果见表4-3。

表4-3 安全区域边界差距分析结果

差距分析对象	评估点	评估项	结果记录	符合程度
安全区域边界	边界防护	a)应保证跨越边界的访问和数据流通过边界设备提供的受控接口进行通信	互联网用户与政务外网用户访问水质监测系统需跨越互联网边界和政务外网边界，跨越边界防护设备为负载均衡和ECS实例中的安全组。通过负载均衡和ECS实例中的安全组进行安全通信控制。同时水质监测系统中不存在非授权的网络出口链路	符合
		b)应能够对非授权设备私自联到内部网络的行为进行检查或限制	水质监测系统管理终端部署了准入设备，能够对非授权设备私自联到内网的行为进行检查。拒绝私人网卡、U盘、共享设备等的使用	符合

续表

差距分析对象	评估点	评估项	结果记录	符合程度
	边界防护	c)应能够对内部用户非授权联到外部网络的行为进行检查或限制	通过部署上网行为管理设备,启用上网行为管理安全策略,对非授权联到外部网络(如互联网、政务外网)的行为进行检查及限制上网。管理终端需要连接政务外网,登录云控台进行系统运维管理操作,上网需求合理	符合
		d)应限制无线网络的使用,保证无线网络通过受控的边界设备接入内部网络	本系统不涉及无线网络的使用	不适用
安全区域边界	访问控制	a)应在网络边界或区域之间根据访问控制策略设置访问控制规则,默认情况下除允许通信外,受控接口拒绝所有通信	网络边界处部署了负载均衡和ECS实例中安全组,并配置了负载均衡和安全组策略;访问控制规则均采用白名单机制;默认禁止全通策略	符合
		b)应删除多余或无效的访问控制规则,优化访问控制列表,并保证访问控制规则数量最小化	默认禁止全通策略;安全组访问控制策略与业务及管理需求一致。安全组访问控制策略具体包括:允许内网访问专有云上应用服务器的3000端口,允许堡垒机访问所有服务器3389端口。负载均衡配置对外服务端口80端口。无多余或无效的访问控制规则	符合
		c)应对源地址、目的地址、源端口、目的端口和协议等进行检查,以允许/拒绝数据包进出	已对安全组、负载均衡中的访问控制策略包括源地址、目的地址、源端口、目的端口和协议等进行检查,明确了允许或拒绝的访问控制策略	符合
		d)应能根据会话状态信息为进出数据流提供明确的允许/拒绝访问的指示	仅可以根据源地址和目的地址、源端口等配置访问控制策略,但无法对会话状态信息进行记录,无法根据会话状态为进出的数据流提供明确的允许/拒绝访问的指示	不符合
		e)应对进出网络的数据流实现基于应用协议和应用内容的访问控制	部署的安全组只能实现源地址和目标地址、源端口和目标端口的访问控制策略,无法实现基于应用协议和应用内容的访问控制	不符合

续表

差距分析对象	评估点	评估项	结果记录	符合程度
安全区域边界	入侵防范	a)应在关键网络节点处检测、防止或限制从外部发起的网络攻击行为	部署了云安全中心(基础版),只能对异常登录进行检测,但无法检测、防止或限制从外部发起的网络攻击行为,如网站后门检测、DDOS攻击	不符合
		b)应在关键网络节点处检测、防止或限制从内部发起的网络攻击行为	部署了云安全中心(基础版),只能对异常登录进行检测,但无法检测、防止或限制从内部发起的网络攻击行为,如DDOS攻击	不符合
		c)应采取技术措施对网络行为进行分析,实现对网络攻击特别是新型网络攻击行为的分析	部署了云安全中心(基础版),无法对新型网络攻击行为进行分析,如APT攻击	不符合
		d)当检测到攻击行为时,记录攻击源IP、攻击类型、攻击目标、攻击时间,在发生严重入侵事件时应提供报警功能	部署了云安全中心(基础版),只能对异常登录进行检测,无法对如DDOS攻击等进行检测,也无法提供报警功能	不符合
	恶意代码和垃圾邮件防范	a)应在关键网络节点处对恶意代码进行检测和清除,并维护恶意代码防护机制的升级和更新	部署了云安全中心(基础版),此基础版无病毒检测功能,无法对恶意代码进行检测和清除	不符合
		b)应在关键网络节点处对垃圾邮件进行检测和防护,并维护垃圾邮件防护机制的升级和更新	水质监测系统网络内不涉及邮件的收发	不适用
	安全审计	a)应在网络边界、重要网络节点处进行安全审计,审计覆盖到每个用户,对重要的用户行为和重要安全事件进行审计	网络设备、安全设备和云控制台均已启用审计功能,部署了堡垒机,堡垒机对系统的用户行为日志进行记录,安全审计范围覆盖到每个用户,能够对重要用户行为和重要安全事件进行审计	符合
		b)审计记录应包括事件的日期和时间、用户、事件类型、事件是否成功及其他与审计相关的信息	安全设备、云控制台中审计记录包括时间、用户、操作、事件结果及详细信息等内容;审计时间正确	符合

续表

差距分析对象	评估点	评估项	结果记录	符合程度
安全区域边界	安全审计	c)应对审计记录进行保护,定期备份,避免受到未预期的删除、修改或覆盖等	虚拟网络设备、安全设备和云控制台操作日志均自动备份至滨海云平台后台。本地设备日志均备份至日志审计系统,可避免受到未预期的删除、修改或覆盖等	符合
		d)应能对远程访问的用户行为、访问互联网的用户行为等单独进行行为审计和数据分析	水质监测系统部署在滨海云平台上,远程访问服务器的用户均需要通过堡垒机,堡垒机能够对用户的行为进行审计和分析。云控制台能够对访问控制台行为单独进行审计和分析。上网行为管理设备可对访问互联网的用户行为单独进行行为审计和数据分析	符合
	可信验证	可基于可信根对边界设备的系统引导程序、系统程序、重要配置参数和边界防护应用程序等进行可信验证,并在应用程序的关键执行环节进行动态可信验证,在检测到其可信性受到破坏后进行报警,并将验证结果形成审计记录送至安全管理中心	该要求为可选择项,在本次测评中不涉及	不适用

水质监测系统在安全区域边界云计算扩展方面的差距分析结果见表4-4。

表4-4 安全区域边界云计算扩展差距分析结果表

差距分析对象	评估点	评估项	结果记录	符合程度
安全通信网络	访问控制	a)应在虚拟化网络边界部署访问控制机制,并设置访问控制规则	在互联网边界处部署安全组和负载均衡实现访问控制机制,并配置了访问控制规则	符合
		b)应在不同等级的网络区域边界部署访问控制机制,并设置访问控制规则	在互联网边界处通过安全组实现不同等级的访问控制策略,具体访问控制策略详见表4-3访问控制评估项	符合
	入侵防范	a)应能检测到云服务客户发起的网络攻击行为,并能记录攻击类型、攻击时间、攻击流量等	该条款不适用于云租户测评	不适用

续表

差距分析对象	评估点	评估项	结果记录	符合程度
安全通信网络	入侵防范	b)应能检测到对虚拟网络节点的网络攻击行为,并能记录攻击类型、攻击时间、攻击流量等	部署了云安全中心(基础版),能够对异常登录进行检测,但无法检测、防止或限制从内部发起的网络攻击行为,如DDOS攻击	不符合
		c)应能检测到虚拟机与宿主机、虚拟机与虚拟机之间的异常流量	部署了云安全中心(基础版),无法检测出虚拟机与虚拟机之间的异常流量,通过滨海云平台流量管控系统对虚拟机与宿主机之间的异常流量进行检测	不符合
		d)应在检测到网络攻击行为、异常流量情况时进行告警	部署了云安全中心(基础版),只能对异常登录进行检测,无法对网络攻击行为等进行检测,也无法提供告警功能	不符合
	安全审计	a)应对云服务商和云服务客户在远程管理时执行的特权命令进行审计,至少包括虚拟机删除、虚拟机重启	通过云控制台及堡垒机对远程执行的操作维护命令等进行审计,云控制台中的审计记录包括虚拟机的创建、删除、重启等内容	符合
		b)应保证云服务商对云服务客户系统和数据的操作可被云服务客户审计	云服务商对云服务客户系统的操作需提交工单,相关操作行为能够通过云服务客户的云控制台进行审计	符合

(3)安全计算环境

安全计算环境差距分析的对象包括网络和安全设备、服务器、数据库、终端、应用系统、数据对象等。

网络和安全设备主要包括:云安全中心(基础版)、公有云堡垒机、专有云堡垒机、日志审计系统、负载均衡、上网行为管理、准入设备、云控制台设备。

服务器主要包括:数据交换服务器、模型服务器、总站软件部署服务器、水质监测应用服务器、通信服务器、GIS服务器。

数据库为RDS(MySQL)。

终端主要包括:业务终端、运维终端。

应用系统为水质监测系统。

数据对象主要包括:重要业务数据和个人信息等。

以水质监测应用服务器为例进行的差距分析,结果见表4-5,其他对象的差距分析结果见附件4-1。

表 4-5　　　　　　　　　　　　水质监测应用服务器差距分析结果

差距分析对象	评估点	评估项	结果记录	符合程度
安全计算环境——服务器	身份鉴别	a)应对登录的用户进行身份标识和鉴别,身份标识具有唯一性,身份鉴别信息具有复杂度要求并要定期更换	采用用户名和口令对登录操作系统的用户进行身份标识和鉴别,当前启用的账户有administrator,当前口令由数字、大小写字母、字符组成,长度为8位,不存在空口令、弱口令账户,SID具有唯一性。但未设置密码策略,密码未启用复杂性设置,默认配置密码策略,未定期更换口令,如administrator账户上次设置密码时间为2021年9月15日	部分符合
		b)应具有登录失败处理功能,应配置并启用结束会话、限制非法登录次数和当登录连接超时自动退出等相关措施	未配置登录失败处理策略,未设置登录连接超时时间	不符合
		c)当进行远程管理时,应采取必要措施防止鉴别信息在网络传输过程中被窃听	通过SSL加密的RDP协议远程管理服务器,传输过程加密,能防止鉴别信息在传输过程中被窃听	符合
		d)应采用口令、密码技术、生物技术等两种或两种以上组合的鉴别技术对用户进行身份鉴别,且其中一种鉴别技术至少应使用密码技术来实现	仅采用用户名口令对登录用户进行身份鉴别,未采用两种或两种以上组合的鉴别技术对管理用户进行身份鉴别	不符合
	访问控制	a)应对登录的用户分配账户和权限	仅administrator账户隶属于administrators组,Windows系统文件夹权限为默认设置,如C:/system的users组权限为读取和执行、列出文件夹内容、读取,C:/system32/config中无users组权限	符合
		b)应重命名或删除默认账户,修改默认账户的默认口令	已禁用guest账户,已修改administrator的默认口令	符合
		c)应及时删除或停用多余的、过期的账户,避免共享账户的存在	目前启用的账号为administrator,操作系统中不存在多余、过期的账户,不存在共享账户	符合
		d)应授予管理用户所需的最小权限,实现管理用户的权限分离	管理员使用administrator账号进行管理,拥有最高权限,未授予管理用户所需的最小权限,未实现管理用户的权限分离	不符合

续表

差距分析对象	评估点	评估项	结果记录	符合程度
安全计算环境——服务器	访问控制	e)应由授权主体配置访问控制策略,规定主体对客体的访问规则	由系统管理员负责权限的分配,仅administrator账号配置权限,依据安全策略配置账户的访问规则	符合
		f)访问控制的粒度应达到主体为用户级或进程级,客体为文件级、数据库表级	Windows访问控制粒度主体为用户级,客体为文件级	符合
		g)应对重要主体和客体设置安全标记,并控制主体对有安全标记信息资源的访问	未提供对重要主体和客体设置安全标记功能	不符合
	安全审计	a)应启用安全审计功能,审计覆盖到每个用户,对重要的用户行为和重要安全事件进行审计	已配置操作系统审核策略:审核策略更改、审核对象访问、审核进程跟踪、审核目录服务访问、审核特权使用、审核系统事件、审核账户管理、审核账户登录事件、审核登录事件均为成功或失败,审计对象覆盖操作系统上的每个用户。	符合
		b)审计记录应包括事件的日期和时间、用户、事件类型、事件是否成功及其他与审计相关的信息	Windows审计记录包括关键字、日期和时间、事件ID、来源、任务级别等	符合
		c)应对审计记录进行保护,定期备份,避免受到未预期的删除、修改或覆盖等	将审计记录保存在日志服务中,能避免受到未预期的删除、修改或覆盖等,支持审计记录保存6个月以上,目前审计记录暂未保存达6个月	不符合
		d)应对审计进程进行保护,防止未经授权的中断	Windows具有审计进程保护措施	符合
	入侵防范	a)应遵循最小安装的原则,仅安装需要的组件和应用程序	已遵循最小安装原则,操作系统中仅安装业务所需要的组件和应用程序。未安装多余的应用程序,如QQ、微信、邮件、FTP服务等	符合
		b)应关闭不需要的系统服务、默认共享和高危端口	未关闭135~139、445等安全隐患端口,未关闭不必要的服务,如Server、Print Spooler。已关闭系统默认共享:C$、D$、ADMIN$等	不符合

续表

差距分析对象	评估点	评估项	结果记录	符合程度
安全计算环境——服务器	入侵防范	c)应通过设定终端接入方式或网络地址范围对通过网络进行管理的管理终端进行限制	未对管理地址进行限制	不符合
		d)应提供数据有效性检验功能,保证通过人机接口输入或通过通信接口输入的内容符合系统设定要求	该要求项在业务应用系统差距分析中体现,此差距分析对象为服务器	不适用
		e)应能发现可能存在的已知漏洞,并在经过充分测试评估后,及时修补漏洞	已定期对服务器操作系统进行漏洞扫描;但未及时更新系统补丁,当前补丁版本:KB5003681,更新时间:2021/6/11	部分符合
		f)应能够检测到对重要节点进行入侵的行为,并在发生严重入侵事件时提供报警	部署了云安全中心(基础版),无法对SQL注入、暴力破解、XSS攻击、后门木马、僵尸主机等常见攻击行为进行防护,特征库由滨海云平台管理员责更新。在发生严重入侵事件时,无法进行告警	部分符合
	恶意代码防范	应采用免受恶意代码攻击的技术措施或主动免疫可信验证机制及时识别入侵和病毒行为,并将其有效阻断	部署了云安全中心(基础版),无法对主流木马病毒、勒索软件、挖矿病毒、DDOS木马等进行检测	不符合
	可信验证	可基于可信根对计算设备的系统引导程序、系统程序、重要配置参数和应用程序等进行可信验证,并在应用程序的关键执行环节进行动态可信验证,在检测到其可信性受到破坏后进行报警,并将验证结果形成审计记录送至安全管理中心	该要求为可选择项,在本次差距分析中不涉及	不适用
	数据完整性	a)应采用校验技术或密码技术保证重要数据在传输过程中的完整性,包括但不限于鉴别数据、重要业务数据、重要审计数据、重要配置数据、重要视频数据和重要个人信息等	通过SSL加密的RDP协议远程管理服务器,能保证鉴别信息在传输过程中的完整性	符合

续表

差距分析对象	评估点	评估项	结果记录	符合程度
安全计算环境——服务器	数据完整性	b)应采用校验技术或密码技术保证重要数据在存储过程中的完整性,包括但不限于鉴别数据、重要业务数据、重要审计数据、重要配置数据、重要视频数据和重要个人信息等	数据存储在OSS对象存储中,OSS存储采用多重冗余分布式架构,存储和读取数据时,对网络流量计算CRC64校验,检测数据包是否损坏,确保数据完整性	符合
	数据保密性	a)应采用密码技术保证重要数据在传输过程中的保密性,包括但不限于鉴别数据、重要业务数据和重要个人信息等	通过SSL加密的RDP协议远程管理服务器,能保证鉴别信息在传输过程中的保密性	符合
		b)应采用密码技术保证重要数据在存储过程中的保密性,包括但不限于鉴别数据、重要业务数据和重要个人信息等	鉴别数据通过AES-128对称密码算法加密,能保证存储过程中数据的保密性	符合
	数据备份恢复	a)应提供重要数据的本地数据备份与恢复功能	操作系统不存在重要配置数据	不适用
		b)应提供异地实时备份功能,利用通信网络将重要数据实时备份至备份场地	此差距分析对象为服务器	不适用
		c)应提供重要数据处理系统的热冗余,保证系统的高可用性	未对服务器进行热冗余部署,无法保证系统高可用性	不符合
	剩余信息保护	a)应保证鉴别信息所在的存储空间在被释放或重新分配前得到完全清除	该要求项在应用系统差距分析中体现,此差距分析对象为服务器	不适用
		b)应保证存有敏感数据的存储空间在被释放或重新分配前得到完全清除	该要求项在应用系统差距分析中体现,此差距分析对象为服务器	不适用
	个人信息保护	a)应仅采集和保存业务必需的用户个人信息	该项差距分析内容在数据库与应用系统的测评中体现	不适用
		b)应禁止未授权访问和非法使用用户个人信息	该项差距分析内容在数据库与应用系统的测评中体现	不适用

水质监测应用服务器云扩展的差距分析结果见表4-6。

表4-6　　　　　　　　　　　　水质监测应用服务器云扩展差距分析结果

差距分析对象	评估点	评估项	结果记录	符合程度
安全计算环境——服务器	身份鉴别	当远程管理云计算平台中设备时,管理终端和云计算平台之间应建立双向身份验证机制	目前管理终端通过云控制台和堡垒机对租用云计算平台中的虚拟设备建立单项身份鉴别,未采用双向身份鉴别机制。	不符合
	访问控制	a)应保证当虚拟机迁移时,访问控制策略随其迁移	该条款不适用于云租户差距分析	不适用
		b)应允许云服务客户设置不同虚拟机之间的访问控制策略	该条款不适用于云租户差距分析	不适用
	入侵防范	a)应能检测虚拟机之间的资源隔离失效,并进行告警	该条款不适用于云租户差距分析	不适用
		b)应能检测非授权新建虚拟机或者重新启用虚拟机,并进行告警	仅系统管理员具备新建虚拟机及重新启动虚拟机权限。通过云监控服务进行短信或邮件告警	符合
		c)应能检测恶意代码感染及在虚拟机间蔓延的情况,并进行告警	部署了云安全中心(基础版),只有异常登录检测,无法检测恶意代码感染及虚拟机间的蔓延,被感染后无法进行告警	不符合
	镜像和快照保护	a)应针对重要业务系统提供加固的操作系统镜像或操作系统安全加固服务	该条款不适用于云租户差距分析	不适用
		b)应提供虚拟机镜像、快照完整性校验功能,防止虚拟机镜像被恶意篡改	该条款不适用于云租户差距分析	不适用
		c)应采取密码技术或其他技术手段防止虚拟机镜像、快照中可能存在的敏感资源被非法访问	该条款不适用于云租户差距分析	不适用
	数据完整性和保密性	a)应确保云服务客户数据、用户个人信息等存储于中国境内,如需出境应遵循国家相关规定	滨海市生态环境局业务数据存储在云平台,处于中国境内,无数据出境情况	符合

续表

差距分析对象	评估点	评估项	结果记录	符合程度
安全环境——服务器	数据完整性和保密性	b)应确保只有在云服务客户授权下,云服务商或第三方才具有云服务客户数据的管理权限	该条款不适用于云租户差距分析	不适用
		c)应使用校验码或密码技术确保虚拟机迁移过程中重要数据的完整性,并在检测到完整性受到破坏时采取必要的恢复措施	该条款不适用于云租户差距分析	不适用
		d)应支持云服务客户部署密钥管理解决方案,保证云服务客户自行实现数据的加解密过程	该条款不适用于云租户差距分析	不适用
	数据备份恢复	a)云服务客户应在本地保存其业务数据的备份	未在本地保存业务数据的备份	不符合
		b)应提供查询云服务客户数据及备份存储位置的能力	该条款不适用于云租户差距分析	不适用
		c)云服务商的云存储服务应保证云服务客户数据存在若干个可用的副本,各副本之间的内容应保持一致	该条款不适用于云租户差距分析	不适用
		d)应为云服务客户将业务系统及数据迁移到其他云计算平台和本地系统提供技术手段,并协助完成迁移过程	该条款不适用于云租户差距分析	不适用
	剩余信息保护	a)应保证虚拟机所使用的内存和存储空间回收时得到完全清除	该条款不适用于云租户差距分析	不适用
		b)云服务客户删除业务应用数据时,云计算平台应将云存储中所有副本删除	该条款不适用于云租户差距分析	不适用

(4)安全管理中心

水质监测系统在安全管理中心方面的差距分析结果见表4-7。

表4-7　　　　　　　　　　　　安全管理中心差距分析结果

差距分析对象	评估点	评估项	结果记录	符合程度
安全管理中心	系统管理	a)应对系统管理员进行身份鉴别,只允许其通过特定的命令或操作界面进行系统管理操作,并对这些操作进行审计	通过云控制台、堡垒机对系统管理员的登录进行身份鉴别,对虚拟网络设备、虚拟安全设备、服务器等进行系统管理操作。已启用云控制台、堡垒机的日志审计功能,可对系统管理员操作进行审计	符合
		b)应通过系统管理员对系统的资源和运行进行配置、控制和管理,包括用户身份、系统资源配置、系统加载和启动、系统运行的异常处理、数据和设备的备份与恢复等	通过系统管理员登录堡垒机或云控制台对系统的资源和运行进行配置、控制和管理。每周登录控制台和堡垒机对运行异常进行处理,通过备份软件每天备份业务数据,业务数据备份存储在备份服务器,设备配置信息更改即备份,备份至管理终端;管理员已进行恢复测试	符合
	审计管理	a)应对审计管理员进行身份鉴别,只允许其通过特定的命令或操作界面进行安全审计操作,并对这些操作进行审计	虚拟网络设备、安全设备和云控制台日志备份至滨海云平台后台。通过日志审计系统对审计管理员的登录进行身份鉴别,日志审计系统已启用安全审计功能。对本地安全设备进行安全审计操作。但未对服务器、数据库等进行统一安全审计操作	部分符合
		b)应通过审计管理员对审计记录进行分析,并根据分析结果进行处理,包括根据安全审计策略对审计记录进行存储、管理和查询等	无审计管理员。当前通过系统管理员对设备日志进行分析,如每周分析设备日志的异常情况,根据安全设备、虚拟网络设备日志策略通过日志审计系统进行日志备份、管理和查询日志	不符合
	安全管理	a)应对安全管理员进行身份鉴别,只允许其通过特定的命令或操作界面进行安全管理操作,并对这些操作进行审计	通过云控制台、堡垒机对安全管理员的登录进行身份鉴别,对虚拟网络设备、虚拟安全设备、服务器等进行系统管理操作。未对本地设备进行统一安全管理操作;已启用云控制台、堡垒机的日志审计功能,可对系统管理员操作进行审计	部分符合
		b)应通过安全管理员对系统中的安全策略进行配置,包括安全参数的设置,主体、客体进行统一安全标记,对主体进行授权,配置可信验证策略等	未实现安全管理员权限分离。目前由系统管理对安全设备、虚拟安全设备、虚拟网络设备中访问控制策略等安全策略进行配置	不符合

续表

差距分析对象	评估点	评估项	结果记录	符合程度
安全管理中心	集中管控	a)应划分出特定的管理区域,对分布在网络中的安全设备或安全组件进行管控	通过滨海云平台以及划分专门安全区对安全设备或云控制台中安全设备进行统一管理	符合
		b)应能够建立一条安全的信息传输路径,对网络中的安全设备或安全组件进行管理	安全设备、云控制台均采用HTTPS协议进行管理	符合
		c)应对网络链路、安全设备、网络设备和服务器等的运行状况进行集中监测	通过云监控对服务器、网络链路、安全设备、网络设备的CPU、内存、磁盘使用率、进出网络的带宽等进行集中监测。但未对本地实体设备进行集中监测。未设置设备运行异常告警措施	部分符合
		d)应对分散在各个设备上的审计数据进行收集汇总和集中分析,并保证审计记录的留存时间符合法律法规要求	虚拟网络设备、安全设备和云控制台操作日志均自动备份至滨海云平台后台。本地设备日志均备份至日志审计系统,可避免受到未预期的删除,保存时间满6个月;应用系统日志备份至数据库,保存时间满6个月。未开启终端日志审核策略。未对终端的审计数据进行备份和恢复。暂未对服务器审计记录保存达6个月	符合
		e)应对安全策略、恶意代码、补丁升级等安全相关事项进行集中管理	通过云控制台进行安全策略配置、病毒库的更新等。但未对补丁升级进行集中管理	部分符合
		f)应能对网络中发生的各类安全事件进行识别、报警和分析	部署云安全中心(基础版)无法对网络中各类安全事件进行识别、报警和分析	不符合

水质监测系统在安全管理中心云计算安全扩展要求方面的差距分析结果见表4-8。

表4-8　　　　　　　安全管理中心云计算安全扩展要求差距分析结果

差距分析对象	评估点	评估项	结果记录	符合程度
安全管理中心(云计算安全扩展要求)	集中管控	a)应能对物理资源和虚拟资源按照策略做统一管理调度与分配	该条款不适用于云租户差距分析	不适用
		b)应保证云计算平台管理流量与云服务客户业务流量分离	该条款不适用于云租户差距分析	不适用

续表

差距分析对象	评估点	评估项	结果记录	符合程度
安全管理中心（云计算安全扩展要求）	集中管控	c)应根据云服务商和云服务客户的职责划分,收集各自控制部分的审计数据并实现各自的集中审计	根据租户的职责划分,未对服务器、数据库等进行安全集中审计操作	不符合
		d)应根据云服务商和云服务客户的职责划分,实现各自控制部分,包括虚拟化网络、虚拟机、虚拟化安全设备等的运行状况的集中监测	通过云监控对ECS虚拟主机、虚拟安全设备的运行状况进行集中监控	符合

2.安全技术需求

（1）安全通信网络需求

根据差距分析结果,水质监测系统安全通信网络需求如下。

1）网络架构

网络架构是否合理直接影响着系统是否能够有效承载业务需要。由于网络架构设计不合理而影响业务通信或传输的问题,需要通过优化网络设计、改造网络安全域来解决。针对线路或设备的单点故障问题,需要采取冗余设计来确保系统的可用性。

2）通信传输

由于网络协议及文件格式均具有标准、公开的特征,因此数据在网络中进行存储和传输时,不仅面临信息丢失、信息重复或信息传送的自身错误等风险,还可能会遭遇信息攻击或欺诈行为,导致最终信息收发的差异性。因此,在信息传输和存储过程中,必须要确保信息内容在发送、接收及保存上的一致性,并在信息遭受篡改攻击的情况下,提供有效的察觉与发现机制,实现通信的完整性。

针对利用通用安全协议、算法、软件等存在的缺陷以获取水质监测系统的相关信息或破坏通信完整性和保密性的风险,需要通过数据加密技术、数据校验技术来解决。

针对通过伪造信息对水质监测系统数据进行窃取的风险,需要通过加强网络边界完整性检查,提高网络设备的防护水平,并对访问网络的用户身份进行鉴别,加强数据保密性来解决。

（2）安全区域边界需求

本项目安全区域边界针对的保护对象为水质监测系统互联网边界、水质监测系统政务外网边界。

根据前期差距分析结果,水质监测系统安全区域边界的需求如下。

1）访问控制

在访问控制方面,针对跨互联网边界、水质监测系统政务外网边界访问网络的行为,需要通过部署防火墙等安全设备并根据会话状态信息为进出数据流提供明确的允许/拒绝访问指示来解决。针对跨安全域访问网络的行为,需要通过基于应用协议和应用内容的细粒度安全访问控制措施来解决,以实现网络访问行为可控可管。

2）入侵防范

针对利用网络协议、操作系统或应用系统存在的漏洞进行网络内外部恶意攻击（如碎片重组、协议端口重定位等）的情况，尤其是新型攻击行为，需通过网络入侵检测和防范等技术来解决。

针对通过分布式拒绝服务攻击恶意地消耗网络、操作系统和应用系统资源，导致拒绝服务或服务停止的安全风险，需要通过抗DDOS攻击防护、服务器主机资源优化、入侵检测与防范、网络结构调整与优化等手段来解决。

针对虚拟机间的网络攻击行为，同样需要云中入侵检测与防范措施来解决。

3）恶意代码防范

针对通过恶意代码传播对主机、应用系统和个人隐私带来的安全威胁，需要通过恶意代码防护技术手段解决。

（3）安全计算环境需求

安全计算环境针对的保护对象为网络和安全设备、服务器、数据库、终端、应用系统、数据对象等。

1）网络和安全设备

安全计算环境方面涉及的网络和安全设备包括：云安全中心（基础版）、公有云堡垒机、专有云堡垒机、日志审计系统、负载均衡、上网行为管理、准入设备、云控制台设备。根据前期差距分析结果，网络和安全设备需求如下。

①身份鉴别

应将云安全中心（基础版）升级为云安全中心（企业版），同时应定期更新公有云堡垒机、日志审计系统、准入设备、负载均衡、上网行为管理、云控制台的口令。

应配置云控制台登录失败账户锁定策略和连接超时时间。

应对日志审计系统、准入设备、上网行为管理采用口令和密码技术或生物技术等两种或两种以上组合的鉴别技术对用户进行身份鉴别，且其中一种鉴别技术至少应使用密码技术来实现。

②访问控制

访问控制主要是为了保证用户对云安全中心、堡垒机、日志审计系统、准入设备、负载均衡、上网行为管理的合法使用。非法用户可能企图假冒合法用户的身份进入，低权限的合法用户也可能企图执行高权限用户的操作，这些行为将给网络安全设备带来很大的安全风险。用户必须拥有合法的用户标识符，在制定好的访问控制策略下进行操作，杜绝越权非法操作。

③入侵防范

网络安全设备面临非授权用户登录的风险，因此对网络安全设备的远程管理提出了需求。应对网络安全设备（公有云堡垒机、负载均衡、云控制台）远程管理地址进行限制。

④恶意代码防范

病毒、蠕虫等恶意代码是对计算环境造成危害最大的隐患，当前病毒威胁非常严峻，特别是蠕虫病毒的暴发，会立刻向其他子网迅速蔓延，大量占据十分有限的带宽，造成网络性能严重下降、服务器崩溃甚至网络通信中断等现象，严重影响正常业务开展。因此，应采用免受恶意代码攻击的技术或主动免疫可信验证机制及时识别入侵和病毒行为，并将其有效阻断。同时保持恶意代码库的及时更新。

⑤数据完整性

鉴别数据、重要审计数据、配置数据是信息资产的直接体现,所有的措施最终是为了保证数据完整性。因此,应对日志审计系统、准入设备、上网行为管理设备采用校验技术或密码技术保证重要数据(包括但不限于鉴别数据、重要审计数据、重要配置数据等)在存储过程中的完整性。

2)服务器和终端设备

安全计算环境方面涉及的服务器和终端设备包括:数据交换服务器、模型服务器、总站软件部署服务器、水质监测应用服务器、通讯服务器、GIS服务器、运维终端、业务终端。现以水质监测应用服务器和运维终端为例进行需求分析。

摄像头泄密

我国多所高校计算机
网络遭遇病毒攻击

①身份鉴别

过于简单的标识符和口令容易被穷举攻击破解。同时非法用户可以通过网络进行窃听,从而获得管理员权限,对任意资源进行非法访问及越权操作。因此应对水质监测应用服务器采用口令、密码技术或生物技术等两种或两种以上组合的鉴别技术对用户进行身份鉴别,且其中一种鉴别技术至少应使用密码技术来实现。应对水质监测应用服务器、运维终端设置密码策略;定期更换水质监测应用服务器、运维终端口令;配置水质监测应用服务器、运维终端登录失败处理策略,设置登录连接超时时间。

②访问控制

访问控制主要为了保证用户对主机资源的合法使用。非法用户可能企图假冒合法用户的身份进入系统,低权限的合法用户也可能企图执行高权限用户的操作,这些行为将给主机系统带来了很大的安全风险。因此应授予水质监测应用服务器管理用户所需的最小权限,实现管理用户的权限分离。

③安全审计

对于登录操作系统的操作行为需要进行安全审计,对用户的行为、使用的命令等进行必要的记录审计,便于日后的分析、调查、取证,规范操作系统使用行为。同时所有的审计记录应采取措施满足《网络安全法》和等级保护标准要求。因此应对水质监测应用服务器审计记录进行保护,审计记录保存时间应满足《网络安全法》中规定的6个月时间要求,同时启用运维终端安全审计功能。

④入侵防范

主机操作系统面临着各类具有针对性的入侵威胁,常见的操作系统一般均存在着各种安全漏洞,并且现在漏洞被发现与漏洞被利用之间的时间差变得越来越短,这就使得操作系统本身就会给整个系统带来巨大的安全风险,因此应关闭水质监测应用服务器、运维终端相关安全隐患端口,关闭不需要的系统服务,关闭默认共享。并对水质监测应用服务器远程管理地址进行限制,及时更新水质监测应用服务器系统补丁,能够检测到对水质监测应用服务器进行入侵的行为,并在发生严重入侵事件时提供报警。

⑤恶意代码防范

病毒、蠕虫等恶意代码是对计算环境造成危害最大的隐患,当前病毒威胁非常严峻,特别是蠕虫病毒的暴发,会立刻向其他子网迅速蔓延,发动网络攻击和数据窃密,大量占据正常业务十分有限的带宽,造成网络性能严重下降、服务器崩溃甚至网络通信中断,信息损坏或泄漏,严重影响正常业务开展。因此服务器、终端必须部署恶意代码防范软件进行防御。同时保持恶意代码库的及时更新。

⑥数据完整性

应对运维终端采用校验技术或密码技术保证重要数据在存储过程中的完整性,包括但不限于鉴别数据、重要审计数据等。

3)数据库

安全计算环境方面涉及的数据库仅为RDS(MySQL)数据库,现对RDS(MySQL)数据库进行需求分析。

①身份鉴别

应定期更换RDS(MySQL)数据库口令。应对RDS(MySQL)数据库采用口令、密码技术或生物技术等两种或两种以上组合的鉴别技术对用户进行身份鉴别,且其中一种鉴别技术至少应使用密码技术来实现。

②访问控制

应授予RDS(MySQL)数据库管理用户所需的最小权限,实现管理用户的权限分离。

③安全审计

启用RDS(MySQL)数据库安全审计功能。

④入侵防范

应及时更新RDS(MySQL)数据库系统补丁并定期对RDS(MySQL)数据库进行漏洞扫描。

⑤数据备份恢复

应对RDS(MySQL)数据库数据进行备份恢复测试。

4)应用系统

安全计算环境方面涉及的应用系统仅为水质监测系统,现对水质监测系统进行需求分析。

①身份鉴别

应定期更换水质监测系统口令,合理配置登录连接超时自动退出时间。应对水质监测系统采用口令、密码技术、生物技术等两种或两种以上组合的鉴别技术对用户进行身份鉴别,且其中一种鉴别技术至少应使用密码技术来实现。

当远程管理应用系统时,应采取密码技术防止鉴别信息在网络传输过程中被窃听。

②访问控制

应授予水质监测系统管理用户所需的最小权限,实现管理用户的权限分离。

5)数据对象

安全计算环境方面涉及的数据对象为重要业务数据和重要个人信息,需求分析如下。

在数据保密性方面,应采用密码技术或其他有效措施保证系统管理数据、鉴别信息、个人信息和重要业务数据在传输过程中的完整性、保密性。

在数据备份恢复方面,应提供重要数据、个人信息的备份恢复测试功能。应提供实时异地备份功能。租户对于备份在云平台中的业务数据,需通过备份措施在租户本地备份业务数据。对于租户存储在云平台中的数据,平台方应通过严格的访问控制措施及安全管理措施实现租户数据在云上的安全。

(4)安全管理中心需求

根据差距分析结果,水质监测系统安全管理中心需求如下。

1)安全审计管理

需在网络中部署日志审计系统对服务器日志进行统一安全审计管理,对来自服务器用户的网络访问行为和网络传输内容进行记录,对所发生安全事故的追踪与调查取证提供翔实缜密的数据支持;需部署数据库审计系统对数据库用户访问行为和数据库传输日志进行记录,对数据库所发生的安全事故进行追踪与调查取证提供翔实缜密的数据支持。

2)安全管理

水质监测系统需部署统一的安全管理平台,对本地设备进行统一管理。

3)集中管控

为了对构成业务系统的通信线路、主机、网络设备和应用软件的运行状况、网络流量等进行集中监测、管理,需要建立集中的网络管理平台,通过网络拓扑管理、资源管理、故障管理、性能管理等基本网络管理功能实现对网络运行状况的实时监控,对异常的设备和系统状态、网络流量等进行告警,确保系统持续可靠运行。

为了对网络中系统的补丁、安全事件识别和分析进行统一管理,需部署补丁管理系统对补丁进行统一升级。部署安全事件统一分析系统对网络中的各类事件进行识别、报警和分析。

4.2.2 安全技术体系方案设计

1.安全技术体系总体方案设计

(1)构建思路

水质监测系统建设要求落实"三同步"原则,即同步规划、同步建设、同步使用,按照等级保护2.0"一个中心,三重防护"体系进行总体设计,如图4-2所示。

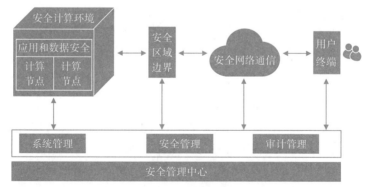

图4-2 纵深安全保障防御体系图

(2)总体建设拓扑

根据差距分析结果,依据网络安全等级保护三级要求,水质监测系统的网络拓扑结构规划图如图4-3所示。其中,蓝底标识的设备是为满足安全需求所新增的产品。

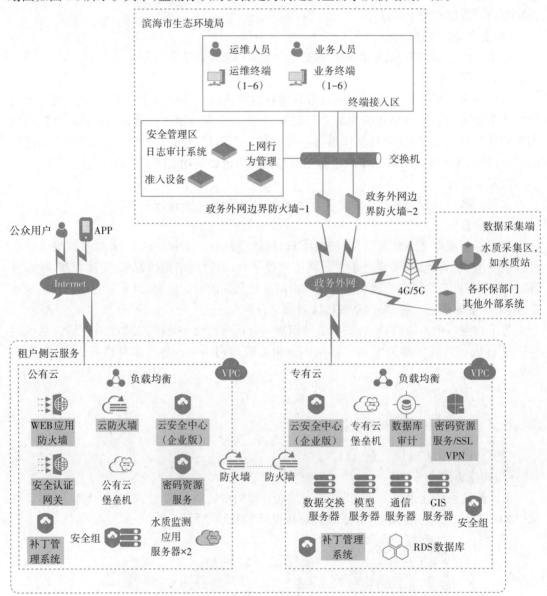

图4-3　水质监测系统网络拓扑结构规划图

2. 安全技术体系详细方案设计

根据等级保护保障体系总体框架,围绕业务系统的安全防护需要,在物理环境安全的基础上,整合网络通信、计算环境、区域边界的安全防护能力,组成等级保护立体纵深防御体系,同时通过安全管理中心提供支撑和统一调度。三级等级保护技术体系框架如图4-4所示。

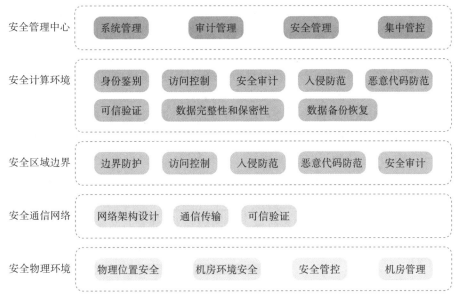

图4-4 三级等级保护技术体系框架

安全物理环境包括：物理位置安全、机房环境安全、安全管控、机房管理等；

安全通信网络包括：网络架构设计、通信传输、可信验证等；

安全区域边界包括：边界防护、访问控制、入侵防范、恶意代码防范、安全审计等；

安全计算环境包括：身份鉴别、访问控制、安全审计、入侵防范、恶意代码防范、可信验证、数据完整性与保密性、数据备份恢复等；

安全管理中心包括：系统管理、审计管理、安全管理、集中管控等。

根据水质监测系统的安全技术需求，依据《安全技术设计要求》和《基本要求》，本案例等级保护对象安全技术体系的详细设计方案如下。

（1）安全通信网络

1）网络架构设计

该系统部署在滨海云平台中，应对水质监测应用服务器进行冗余部署，实现硬件冗余功能。

2）通信传输

在通信传输方面，终端访问水质监测系统应采用HTTPS协议，通信传输机密性和完整性可通过以下两种方式实现：在水质监测系统服务器中配置SSL证书或申请购买SSL证书；部署安全认证网关。

在远程运维通信传输方面，向滨海云平台申请VPN服务，实现运维终端通过SSL VPN建立安全的传输链路，同时实现当远程管理云计算平台中的虚拟设备时，管理终端和SSL VPN之间建立双向身份验证机制。

（2）安全区域边界

1）访问控制

在互联网络边界处，部署云防火墙、WEB应用防火墙等安全防护设备，并在WEB应用防火墙和云防火墙中根据会话状态信息为进出数据流提供明确的允许/拒绝访问的指示，并对进出网络的数据流实现基于应用协议和应用内容的访问控制。

安全技术体系设计1

在负载均衡中根据业务需要配置IP地址和网络端口的白名单。根据服务器的不同用途划分不同的安全组,并根据不同服务器的通信内容配置端口级的访问控制策略。

2)入侵防范

在互联网络边界处部署云防火墙,可进行网络异常行为的检测,防止或限制从互联网等外部网络发起的网络攻击行为;部署云安全中心(企业版)进行检测、防止或限制从内部发起的网络攻击行为;通过所部署的云安全中心(企业版)对网络行为进行分析,实现对网络攻击特别是新型网络攻击行为的分析及虚拟机间异常网络流量的分析;当检测到攻击行为的时候,通过云安全中心(企业版)记录攻击源IP、攻击类型、攻击目标、攻击时间,在发生严重入侵事件时提供报警功能。报警功能方式包括短信、邮件、语音等。

3)恶意代码防范

在互联网络边界处及水质监测系统政务外网边界处,部署云安全中心(企业版),能够对恶意代码进行检测和清除,并维护恶意代码防护机制的升级和更新。可通过网络自动更新或每周手动更新。

(3)安全计算环境

1)身份鉴别

①网络和安全设备类

身份鉴别对象包括云控制台、云安全中心(企业版)、公有云堡垒机、负载均衡、日志审计系统、准入设备、上网行为管理等。

为云控制台、云安全中心(企业版)、公有云堡垒机、负载均衡、日志审计系统、准入设备、上网行为管理设备各用户设置复杂的口令并定期更改口令。

为云控制台、云安全中心(企业版)、负载均衡各用户配置登录失败处理功能,并合理设置登录连接超时时间。

对日志审计系统、准入设备、上网行为管理设备要采用两种或两种以上身份鉴别技术实现服务器的身份鉴别。如采用用户名和数字证书实现双因素认证。

②主机类

身份鉴别对象包括数据交换服务器、模型服务器、总站软件部署服务器、水质监测应用服务器、通信服务器、GIS服务器,现以水质监测应用服务器和运维终端为例进行说明。

根据基本要求配置用户名/口令,口令必须具备一定的复杂度。口令需由数字、字母、特殊字符组合,长度至少为8位,并保证至少每90天更换一次。

启用登录失败处理功能,并合理配置登录失败策略。如错误登录3~5次,达到错误限制次数后对账号进行锁定,可锁定30分钟后自动解锁,或由管理员解锁,或断开连接等;启用登录连接超时配置策略,如登录10分钟无操作,自动退出或断开连接。

服务器采用两种或两种以上身份鉴别技术实现服务器的身份鉴别。如同时采用用户名和数字证书实现双因素认证。

③数据库系统类

身份鉴别对象为RDS(MySQL)数据库。定期更改数据库管理口令周期,例如至少每90天更换一次。

④应用系统类

身份鉴别对象为水质监测系统。根据基本要求配置用户名/口令,口令必须具备一定的复杂度。口令需由数字、字母、特殊字符组合,长度至少为8位,并保证至少每90天更换一次。启用登录失败处理功能,合理配置登录连接超时自动退出时间,如登录连接超时时间设置为5分钟。

对于三级系统,要求对用户进行两种或两种以上组合的鉴别技术,因此可采用双因素认证(数字证书+口令)的方式进行身份鉴别。

2)访问控制

①网络和安全设备类

访问控制对象包括云控制台、云安全中心(企业版)、公有云堡垒机、负载均衡、日志审计系统、准入设备、上网行为管理等。

在云控制台、云安全中心(企业版)、负载均衡、日志审计系统、准入设备、上网行为管理设备等网络和安全设备中合理划分用户访问权限,管理用户的权限分离,实现用户最小访问。如审计管理员仅有审计权限,系统管理员仅有系统维护等操作权限,安全管理员仅有安全策略和操作管理权限,同时避免人员共享账户权限。

②主机类

访问控制对象包括:数据交换服务器、模型服务器、总站软件部署服务器、水质监测应用服务器、通信服务器、GIS服务器。以水质监测应用服务器为例:

在服务器中设置不同角色的管理账户,分别包括审计管理员、安全管理员、系统管理员三种角色,并设置对应的权限,实现管理用户的权限分离。

③数据库系统类

访问控制对象为RDS(MySQL)数据库。在数据库系统中建立不同角色的数据库账户,授予管理用户所需的最小权限,实现管理用户的权限分离。

④应用系统类

访问控制对象为水质监测系统。应授予管理用户所需的最小权限,实现管理用户的权限分离。

3)安全审计

①主机类

安全审计对象包括数据交换服务器、模型服务器、总站软件部署服务器、水质监测应用服务器、通信服务器、GIS服务器、运维终端,以水质监测应用服务器和运维终端为例:

启用终端操作系统日志审计功能。

通过已部署的日志审计系统统一收集服务器和运维终端的审计日志。

审计范围覆盖到服务器上的每个操作系统用户;内容包括重要用户行为、系统资源的异常使用和重要系统命令的使用等系统内重要的安全相关事件;审计记录包括事件的日期、时间、类型、主体标识、客体标识和结果等;保护审计记录,避免受到未预期的删除、修改或覆盖等。

通过日志审计系统实现对日志的备份,避免日志受到未预期的删除、修改或覆盖等,且存储要求满足《网络安全法》中日志留存6个月以上的要求。

②数据库系统类

安全审计对象为RDS(MySQL)数据库:在滨海云平台中部署数据库审计系统,将该系统数据库纳入数据库审计服务的范围,并定期进行分析。数据库审计记录应定期进行备份,保存至数据库审计系统中,避免日志受到未预期的删除、修改或覆盖等,且存储时间满足《网络安全法》中日志留存6个月以上的要求。

4)入侵防范

①网络和安全设备类

入侵防范对象包括云安全中心(企业版)、公有云堡垒机、负载均衡、日志审计系统、准入设备、上网行为管理等。

通过设定终端接入方式或网络地址范围对通过网络进行管理的管理终端进行限制,仅允许授权的管理IP地址访问云安全中心(企业版)、堡垒机、负载均衡等网络和安全设备;

部署云安全中心(企业版)能够检测到网络入侵的行为,并在发生严重入侵事件时发起短信、邮件、语音等报警。

②主机类

入侵防范对象包括数据交换服务器、模型服务器、总站软件部署服务器、水质监测应用服务器、通信服务器、GIS服务器、运维终端,以水质监测应用服务器和运维终端为例:

操作系统的安装遵循最小安装的原则,仅安装需要的组件和应用程序,关闭多余服务、默认共享和高危端口等。

通过设定终端接入方式或网络地址范围对通过网络进行管理的管理终端进行限制,仅允许授权的管理IP地址访问服务器。

部署补丁管理系统,及时进行系统安全补丁升级。

③数据库系统类

入侵防范对象为RDS(MySQL)数据库。应由滨海云平台统一更新数据库版本,同时租户侧需手动更新RDS(MySQL)数据库系统补丁;应统一由滨海云平台管理员定期对数据库进行漏洞扫描,并出具数据库漏洞扫描报告。

5)恶意代码防范

①网络和安全设备类

恶意代码防范对象包括云安全中心(企业版)等。

部署云安全中心(企业版)能够对恶意代码进行检测和有效阻断。定期更新防恶意代码特征库。

②主机类

恶意代码防范对象包括数据交换服务器、模型服务器、总站软件部署服务器、水质监测应用服务器、通信服务器、GIS服务器、运维终端等。现以水质监测应用服务器为例进行说明。

在服务器操作系统中安装云安全中心(企业版)客户端,实现主机的恶意代码防范,并且对主流木马病毒、勒索软件、挖矿病毒、DDOS木马等进行检测和阻断。

6)重要数据存储完整性

①网络和安全设备类

重要数据存储完整性对象包括日志审计系统、准入设备、上网行为管理等。

应采用校验技术或密码技术保证数据在存储过程中的完整性。如部署第三方密码设备,通过第三方密码设备实现日志审计系统、准入设备等重要日志、数据的存储完整性保护。

②主机类

重要数据存储完整性对象包括水质监测应用服务器、运维终端等。

采用校验技术或密码技术保证数据在存储过程中的完整性。

7) 重要数据传输完整性

数据库重要数据传输完整性对象为RDS(MySQL)数据库。

应启用MySQL SSL功能保证传输过程中鉴别数据的完整性。

8) 存储保密性

应用系统中除鉴别信息外,其他重要业务数据和个人信息在存储过程中应采用密码技术实现数据存储的保密性。通过向滨海云平台申请云密码资源服务,实现重要业务数据和个人信息存储的保密性。

9) 数据备份恢复

应制定数据备份恢复机制,并对应用系统中的重要业务数据和个人信息提供实时异地备份功能,利用通信网络将重要数据实时备份至指定位置。通过备份软件如backup,将备份在云上的数据通过网络传输备份到滨海市生态环境局本地机房服务器中。

(4) 安全管理中心

应在云控制台中设置不同权限的用户进行系统管理、审计管理和安全管理,并分配给相应的系统管理员、审计管理员、安全管理员。服务器、数据库等通过日志审计系统和数据库审计系统对审计记录进行收集和保存,保存时间不少于6个月。应建立安全管理中心对补丁升级进行集中管理。通过云安全中心(企业版)和补丁管理系统统一更新补丁。

安全技术体系设计2

在滨海市生态环境局本地网络环境中部署网络管理系统对安全设备进行集中监测,并在网络管理系统中设置告警信息。告警阈值一般为70%,超过70%触发告警机制。

向滨海云平台申请、购买云安全中心(企业版),对网络中发生各类安全事件进行识别、报警和分析。通过云安全中心定期建立安全事件分析报表等。

4.2.3 安全技术建设整改

安全技术建设整改一般通过采购部署安全产品或服务、安全策略加固等方式来实现,本节根据水质监测系统的实际情况整改如下。

安全技术整改

(1) 安全产品或服务采购部署

按照信息系统安全规划要求进行网络安全产品部署。网络安全产品或服务选型过程需依据安全规划的设计要求,并制定产品或服务采购说明书,安全产品采购表见表4-9。

表4-9 安全产品采购表

安全认证网关	实现终端访问水质监测系统通信数据机密性和完整性保护	表4-1——安全通信网络——通信传输——a)、b)
SSL数字证书		
SSL VPN	建立安全的远程运维管理通道及双向身份鉴别	表4-1——安全通信网络——通信传输——a)、b)
WEB应用防火墙	基于云安全大数据能力,有效防御各类OWASP常见WEB攻击并过滤海量恶意CC攻击,避免网站资产数据泄露,保障网站业务安全性与可用性	表4-3——安全区域边界——访问控制——d)、e)

续表

产品名称	功能	对应需求点
云防火墙	通过配置访问控制策略,对网络边界进行安全防护	表4-3——安全区域边界——访问控制——d)、e) 表4-3——安全区域边界——入侵防范——a)、b)
云安全中心(企业版)	实时识别、分析、预警安全威胁的统一安全管理系统,通过防勒索、防病毒、防篡改、合规检查等安全能力,实现威胁检测、告警响应、攻击溯源的自动化安全运营闭环,保护云上资产和本地服务器安全	表4-3——安全区域边界——入侵防范——a)、b)、c)、d) 表4-3——安全区域边界——恶意代码和垃圾邮件防范——a)、b) 表4-5——安全计算环境——恶意代码防范 表4-7——安全管理中心——集中管控——f)
CA数字证书	对登录应用系统和本地安全设备的用户进行身份鉴别	表4-5——安全计算环境——身份鉴别——d)
日志审计系统	日志审计系统是用于全面收集企业IT系统中常见的安全设备、网络设备、数据库、服务器、应用系统、主机等设备所产生的日志(包括运行、告警、操作、消息、状态等)并进行存储、监控、审计、分析、报警、响应和报告的系统	表4-5——安全计算环境——安全审计——c) 表4-7——安全管理中心——审计管理——a)、b)
数据库审计系统	通过对访问数据库的行为进行记录与多角度分析,对异常行为进行告警通知、审计记录和事后追踪分析	表4-5——安全计算环境——安全审计 表4-7——安全管理中心——审计管理——a)、b)
补丁管理系统	实现对操作系统统一补丁更新和补丁管理	表4-5——安全计算环境——入侵防范——e 表4-7——安全管理中心——集中管控——e
密码资源服务	利用密码资源运算服务实现对重要业务数据在传输、存储过程中的完整性和保密性保护	表4-5——安全计算环境——数据完整性——a、b 数据保密性——a、b
网络管理系统	对安全设备进行监控和管理	表4-7——安全管理中心——集中管控——c

以上产品需具有安全产品销售许可证,同时所有安全产品所需的性能和安全性指标可以依据第三方测试机构所出具的产品测试报告,也可以依据用户自行组织的网络安全产品功能、性能和安全性选型测试结果进行采购。对于安全服务的采购需求,应具有内部或外部针对网络安全服务机构的评价结果作为参考。

（2）安全策略加固

安全策略加固的对象包括:云安全中心(企业版)、公有云堡垒机、负载均衡、日志审计系统、准入设备、上网行为管理设备、数据交换服务器、模型服务器、总站软件部署服务器、水质监测应用服务器、通信服务器、GIS服务器、运维终端、RDS(MySQL)数据库等。现以水质监测应用服务器、云控制台、RDS(MySQL)数据库为例进行安全策略加固介绍,其他对象的安全策略加固见附件4-2。

1）水质监测应用服务器安全策略加固

水质监测应用服务器安全策略加固见表4-10。

表4-10　　　　　　　　　　　　水质监测应用服务器安全策略加固

控制点	要求项	安全问题	加固步骤
身份鉴别	a)应对登录的用户进行身份标识和鉴别,身份标识具有唯一性,身份鉴别信息具有复杂度要求并定期更换	未启用密码必须符合复杂性要求:默认配置密码策略,未定期更换口令	打开"控制面板→管理工具→本地安全策略→账户策略→密码策略",设置: (1)复杂性要求:已启用; (2)密码长度最小值:8位; (3)密码长度最长使用期限:90天; (4)密码最短使用期限:不为0; (5)强制密码历史:至少记住5个以上密码
	b)应具有登录失败处理功能,应配置并启用结束会话、限制非法登录次数和当登录连接超时自动退出等相关措施	未配置登录失败处理策略,未设置连接超时时间	打开"控制面板→管理工具→本地安全策略→账户策略→账户锁定策略",设置: (1)账户锁定时间:不为不适用或不为0; (2)账户锁定阈值:5次无效登录,锁定时间为30分钟; 右键点击桌面→个性化→屏幕保护程序,屏保设置: (1)启用屏幕保护功能; (2)等待时间:不大于30分钟; (3)在恢复时显示登录屏幕:打钩
安全审计	a)应启用安全审计功能,审计覆盖到每个用户,对重要的用户行为和重要安全事件进行审计	未启用安全审计功能	打开"控制面板→管理工具→本地安全策略→安全设置→本地策略→审计策略",设置: (1)审核策略更改:成功,失败; (2)审核登录事件:成功,失败; (3)审核对象访问:成功,失败; (4)审核进程跟踪:成功,失败; (5)审核目录服务访问:失败; (6)审核特权使用:失败; (7)审核系统事件:成功,失败; (8)审核账户登录事件:成功,失败; (9)审核账户管理:成功,失败

续表

控制点	要求项	安全问题	加固步骤
安全审计	b)应关闭不需要的系统服务、默认共享和高危端口	未关闭135-139、445等安全隐患端口,未关闭不必要的服务,如Server、Print Spooler。已关闭系统默认共享:C\$、D\$、AD-MIN\$等	打开→"控制面板→系统和安全→Windows Defender防火墙→高级设置→入站规则→新建规则",设置:端口→TCP/UDP→端口号→阻止连接→名称→完成。 打开"控制面板→系统和安全→管理工具→服务",右键→停止 如:Print Spooler(打印),Remote Registry(注册表),server(共享),TCP/IP NetBIOS Helper(解析主机名),Task Scheduler(任务计划)。 CMD运行:net share 共享名 /delete 或计算机-管理-共享文件夹,右击停止共享或关闭share服务
	c)应通过设定终端接入方式或网络地址范围对通过网络进行管理的管理终端进行限制	未对管理地址进行限制	优先推荐在网络层面进行地址限制,见交换机安全加固手册。 按住 windows 键+R 键,打开运行模式,输入 gpedit.msc 命令,出现以下组策略界面: 选择计算机配置→管理模板→网络→网络连接→Windows Defender 防火墙→标准配置文件(如使用域账号同样→配置域配置文件)→Windows Defender 防火墙;允许入站远程桌面例外: (1)已启用; (2)允许授权的 IP 地址未经请求传入信息:如*.*.*.1
恶意代码防范	应采用免受恶意代码攻击的技术措施或主动免疫可信验证机制及时识别入侵和病毒行为,并将其有效阻断	未安装杀毒软件	在服务器中安装云安全中心(企业版)客户端软件

2）云控制台安全策略加固

云控制台安全策略加固见表4-11。

表4-11 云控制台安全策略加固

控制点	要求项	安全问题	加固步骤
身份鉴别	a）应对登录的用户进行身份标识和鉴别，身份标识具有唯一性，身份鉴别信息具有复杂度要求并定期更换	未启用密码必须符合复杂性要求：默认配置密码策略，未定期更换口令	登录云控制台选择安全设置，选择登录密码，修改口令策略。口令长度至少8位，包括数字、字母大小写、字符组合。口令至少每90天更换一次
	b）应具有登录失败处理功能，应配置并启用结束会话、限制非法登录次数和当登录连接超时自动退出等相关措施	未配置登录失败处理策略。未设置连接超时时间	登录云控制台选择安全设置，选择登录保持时间，默认为3小时，单击修改时间为10分钟
入侵防范	c）应通过设定终端接入方式或网络地址范围对通过网络进行管理的管理终端进行限制	未对管理地址进行限制	登录云控制台选择账户中心，单击安全设置对远程管理地址进行限制

3）RDS（MySQL）数据库安全策略加固

RDS（MySQL）数据库安全策略加固见表4-12。

表4-12 RDS（MySQL）数据库安全策略加固

控制点	要求项	安全问题	加固步骤
身份鉴别	应对登录的用户进行身份标识和鉴别，身份标识具有唯一性，身份鉴别信息具有复杂度要求并定期更换	未定期更换口令	修改用户口令 mysql> setpassword for 用户名@local-host = password('新密码')；复杂口令，8位以上，由数字、字母、字符组成

```
C:\Users\test\mysql -u root -p
Mysql>set password for root@localhost = password( 'test@zjjg!' );
Query OK, 0 rows affected ( 0.00 sec)
```

续表

控制点	要求项	安全问题	加固步骤
安全审计	应启用安全审计功能，审计覆盖到每个用户，对重要的用户行为和重要安全事件进行审计	未启用数据库审计功能	(1)进入 MySQL 的配置文件：my.ini 在文件中添加：log-bin=mysql-bin (2)quit退出数据库 (3)退出保存并重启 MySQL 服务，在cmd中输入 systemctl restart mysql(linux) net stop mysql(windows) net start mysql(windows) C:\Windows\system32\ net stop mysql MySQL 服务正在停止 MySQL 服务已成功停止。 C:\windows\system32\net start mysql MySQL 服务已在启动 MySQL 服务已经启动成功 (4)重新登录查看是否生效 show variables like 'log_%'; +------------------------------------+------ | Variable_name | Value +------------------------------------+------ | log_bin | ON
数据传输完整性	应采用校验技术或密码技术保证重要数据在传输过程中的完整性，包括但不限于鉴别数据、重要业务数据、重要审计数据、重要配置数据、重要视频数据和重要个人信息等	启用 MySQL SSL 功能保证传输过程中鉴别数据的完整性	(1)首先查看是否开启SSL show variables like '%ssl%' (2)安装 OpenSSL (3)生成证书和密钥 进入 mysql/bin 目录下，执行 mysql_ssl_rsa_setup生成证书和密钥，通过-d或者--datadir可以指定数据文件目录 mysql_ssl_rsa_setup.exe -d D:/Database/mysql (4) 配置my.ini添加SSL 配置完成后重启 MySQL，此时再查看变量，发现已经开启SSL，并且设置了证书信息。 (5)测试连接 通过数据库连接工具如navicat测试进行测试，测试成功会提示连接成功 。 MySQL 的 SSL 连接详细见电子版 MySQL 安全加固操作手册

4.3 任务4-3水质监测系统的建设整改——管理部分

本任务着重展示水质监测系统安全管理体系的建设要点,关键环节包括安全管理需求分析、安全管理体系方案设计和安全管理建设整改三个环节。

4.3.1 安全管理需求分析

1.安全管理差距分析

水质监测系统建有一套安全管理制度,其清单见表4-13。与安全技术建设整改类似,根据《基本要求》,分析水质监测系统在管理方面存在的问题,编制安全管理差距分析结果表,形成安全管理建设整改的需求。

表4–13　　　　　　　　　　　　　　　现有安全管理制度清单

分类	文件内容
安全策略	《信息安全管理办法》,主要内容包括安全策略总纲等
安全管理制度	制定、发布、维护部分管理制度
安全管理机构	组织架构及岗位工作职责
安全管理人员	人员录用、人员离岗、人员考核等方面管理制度,如《人员安全管理制度》《违规惩戒管理制度》等
安全建设管理	工程实施过程管理方面的管理制度,如《项目实施管理制度》
	产品选型、采购方面的管理制度,如《产品选型采购管理制度》
	测试、验收、交付方面的管理制度,如《测试验收管理制度》《测试用例》等
	软件开发方面的管理制度,如《软件开发管理制度》等
	……
安全运维管理	《资产管理制度》
	《介质管理制度》
	《设备安全管理制度》
	《网络安全管理制度》
	《系统安全管理制度》
	《账号、口令及权限管理制度》
	《变更管理制度》
	《恶意代码防范管理制度》
	《数据备份和恢复管理制度》
	……

续表

分类	文件内容
规范类	《需求规格说明书》
	《数据库设计说明书》
	《概要设计说明书》
	《详细设计说明书》
	《测试用例》
	《办公终端使用规范》
	《服务器管理规范》
操作手册	《网络运维基础知识手册》
	《堡垒机操作手册》
	《用户操作手册》
记录、表单类	《网络账号申请表》
	《外联单位联系表》
	《网络安全检查表》
	《培训记录》
	《来访人员、车辆登记表》
	《重点岗位员工安全保密协议》
	《驻场运维人员保密承诺书》
	《水质监测系统安全等级保护定级报告》
	《系统安全测评报告》
	《测试报告》
	《功能与性能测评报告》
	《水质监测系统安全测试报告》
	《监理初验报告》
	《网络安全服务情况评价表》
	《资产清单》
	《重要介质使用(借用)登记表》
	《信息处理设备报废处理单》
	《变更申请表》

（1）安全管理制度

水质监测系统在安全管理制度方面的差距分析结果见表4-14。

表4-14　　　　　　　　　　　　　　安全管理制度差距分析结果

差距分析对象	评估点	评估项	结果记录	符合程度
安全管理制度	安全策略	应制定网络安全工作的总体方针和安全策略,阐明机构安全工作的总体目标、范围、原则和安全框架等	已形成《信息安全管理办法》,包括网络与信息安全管理工作、目标、安全策略等,网络与信息安全管理工作原则为"谁主管谁负责、谁运营谁负责、谁使用谁负责"。目标是构建"实体可信、资源可管、行为可控、运行可靠、管理有效"的网络与信息安全保障体系	符合
	管理制度	a)应对安全管理活动中的各类管理内容建立安全管理制度	针对各类管理内容建立安全管理制度,如《信息安全管理办法》《网络安全管理制度》《系统安全管理制度》《人员安全管理制度》等,但缺失安全事件管理制度	部分符合
		b)应对管理人员或操作人员执行的日常管理操作建立操作规程	已根据操作人员的日常管理操作建立操作规程,如《网络运维基础知识手册》《堡垒机操作手册》等	符合
		c)应形成由安全策略、管理制度、操作规程、记录表单等构成的全面的安全管理制度体系	已形成由安全策略和管理制度、操作过程等构成的安全管理制度体系。体系构成的详细内容包括《网络与信息安全管理办法》等管理制度,《堡垒机操作手册》等操作规程,《网络账号申请表》等记录表单。但缺失安全事件管理制度、应急预案等	部分符合
	制定和发布	a)应指定或授权专门的部门或人员负责安全管理制度的制定	由信息安全工作领导小组办公室负责安全管理制度的制定	符合
		b)安全管理制度应通过正式、有效的方式发布,并进行版本控制	已发文的安全管理制度具有统一的格式,已对安全管理制度通过年月或版本号进行版本控制	符合
	审定和修订	应定期对安全管理制度的合理性和适用性进行论证和审定,对存在不足或需要改进的安全管理制度进行修订	未定期对安全管理制度的合理性和适用性进行论证和审定	不符合

（2）安全管理机构

水质监测系统在安全管理机构方面的差距分析结果见表4-15。

表4-15　　　　　　　　　　　　　　安全管理机构差距分析结果

差距分析对象	评估点	评估项	结果记录	符合程度
安全管理机构	岗位设置	a)应成立指导和管理网络安全工作的委员会或领导小组,其最高领导由单位主管领导担任或授权	已成立网络与信息安全工作领导小组,已确认主任为小组组长。在《关于调整网络与信息安全工作领导小组成员及责任分工的通知》中明确了领导小组的工作职责	符合
		b)应设立网络安全管理工作的职能部门,设立安全主管、安全管理各个方面的负责人岗位,并定义各负责人的职责	已设立信息中心为网络安全管理工作的职能部门,并设立安全管理员、网络管理员、系统管理员等岗位。并在《岗位工作职责》中明确了部门职责、部门负责人职责及各岗位人员职责	符合
		c)应设立系统管理员、审计管理员和安全管理员等岗位,并定义部门及各个工作岗位的职责	已设立系统管理员、网络管理员、安全管理员、安全审计员等岗位,在《岗位工作职责》中对各岗位职责进行说明	符合
	人员配备	a)应配备一定数量的系统管理员、审计管理员和安全管理员等	已配备了1名网络管理员、1名系统管理员兼任安全管理员。但未配备审计管理员	部分符合
		b)应配备专职安全管理员,不可兼任	未配备专职安全管理员	不符合
	授权和审批	a)应根据各个部门和岗位的职责明确授权审批事项、审批部门和批准人等	根据《系统安全管理制度》《网络安全管理制度》《变更管理制度》《第三方网络信息安全管理办法》等明确授权审批事项、审批部门和批准人等	符合
		b)应针对系统变更、重要操作、物理访问和系统接入等事项建立审批程序,按照审批程序执行审批过程,对重要活动建立逐级审批制度	根据《网络安全管理制度》《系统安全管理制度》《变更管理制度》《第三方网络信息安全管理办法》等制度文件明确了系统变更、重要操作和系统接入等重要事项需要信息中心负责人审批。如已提供《网络账号申请表》,包括账号使用人、姓名全拼、使用人所属部门/公司、使用人手机、起止日期、部门领导审核等	符合

续表

差距分析对象	评估点	评估项	结果记录	符合程度
安全管理机构	授权和审批	c)应定期审查审批事项,及时更新需授权和审批的项目、审批部门和审批人等信息	由安全管理员每年对审批事项进行审查,及时更新授权和审批的项目、批准部门和审批人等信息	符合
	沟通和合作	a)应加强各类管理人员、组织内部机构和网络安全管理部门之间的合作与沟通,定期召开协调会议,共同协作处理网络安全问题	通过每月举行单位会议来共同协作处理信息安全问题。单位内部人员通过电话、微信等方式沟通交流、处理网络安全问题	符合
		b)应加强与网络安全职能部门、各类供应商、业界专家及安全组织的合作与沟通	已加强与安全部门、各类供应商、行业内安全专家及安全组织的合作与沟通	符合
		c)应建立外联单位联系列表,包括外联单位名称、合作内容、联系人和联系方式等信息	已编制《外联单位联系表》,包括单位、合作内容、联系人、电话、邮箱等	符合
	审核和检查	a)应定期进行常规安全检查,检查内容包括系统日常运行、系统漏洞和数据备份等情况	定期对服务器进行漏洞扫描,记录保存在云控制台,每天对应用系统进行漏洞扫描,经系统管理员评估后,对漏洞进行修补,提供扫描报告,但未定期对系统日常运行、数据备份等情况进行安全检查	部分符合
		b)应定期进行全面安全检查,检查内容包括现有安全技术措施的有效性、安全配置与安全策略的一致性、安全管理制度的执行情况等	每年响应滨海市公安检查,有《网络安全检查表》,检查内容覆盖现有安全技术措施的有效性、安全配置与安全策略的一致性、安全管理制度的执行情况等	符合
		c)应制定安全检查表格实施安全检查,汇总安全检查数据,形成安全检查报告,并对安全检查结果进行通报	已编制《网络安全检查表》,通过检查表形成网络安全检查报告,并根据检查结果进行通报	符合

(3)安全管理人员

质监测系统在安全管理人员方面的差距分析结果见表4-16。

表4-16 安全管理人员差距分析结果

差距分析对象	评估点	评估项	结果记录	符合程度
安全管理人员	人员录用	a)应指定或授权专门的部门或人员负责人员录用	人事部负责人员录用	符合
		b)应对被录用人员的身份、安全背景、专业资格或资质等进行审查,对其所具有的技术技能进行考核	单位内部人员按照事业单位招考流程进行选拔录用,事业单位招考流程包含笔试、面试、政治审查等	符合
		c)应与被录用人员签署保密协议,与关键岗位人员签署岗位责任协议	已与被录用人员签署保密协议,已与关键岗位人员签署《重点岗位员工安全保密协议》	符合
	人员离岗	a)应及时终止离岗人员的所有访问权限,取回各种身份证件、钥匙、徽章等以及机构提供的软硬件设备	员工离职需要与工作部门进行交接,包括各种账户信息、访问权限的注销或修改;工作资料、保密文件的回收、固定资产(软硬件设备)退还	符合
		b)应办理严格的调离手续,并承诺调离后的保密义务后方可离开	已制定《人员安全管理制度》,对人员离岗进行规定:人员调(离)岗的,必须签署保密承诺书,承诺在调(离)岗后根据保密承诺书的内容履行相关的保密责任和义务,涉密人员实行脱密期管理制度	符合
	安全意识教育和培训	a)应对各类人员进行安全意识教育和岗位技能培训,并告知相关的安全责任和惩戒措施	已制定《人员安全管理制度》,包括信息安全教育培训和考核内容,明确要求对人员进行安全意识教育和岗位技能培训,并提供了《培训记录》。《违规惩戒管理制度》中对违反单位规定的行为进行书面规定,对违反违背安全策略和规定的人员进行惩戒	符合
		b)应针对不同岗位制订不同的培训计划,对安全基础知识、岗位操作规程等进行培训	未针对不同岗位制订不同的培训计划	不符合
		c)应定期对不同岗位的人员进行技能考核	未定期对不同岗位的人员进行技能考核	不符合

续表

差距分析对象	评估点	评估项	结果记录	符合程度
安全管理人员	外部人员访问管理	a)应在外部人员物理访问受控区域前先提出书面申请,批准后由专人全程陪同,并登记备案	已制定《第三方网络信息安全管理办法》,内容包括来访出入管理、机房出入管理、网络访问管理等,外来人员访问办公大楼,须填写《来访人员、车辆登记表》,在大楼入口处有保安值守,对进出的外来人员进行身份信息登记,由保安处进行电话确认无误后方可进出	符合
		b)应在外部人员接入受控网络访问系统前先提出书面申请,批准后由专人开设账户、分配权限,并登记备案	已制定《第三方网络信息安全管理办法》,明确了外部人员访问受控网络系统的审批要求,规定:第三方人员如果需要访问网络资源,须提前明确申请要访问资源的类型、范围和方式,以便管理员进行审批,并提供相应的访问权限和访问方法。除了明确授权可以访问的资源外,其他资源禁止访问	符合
		c)外部人员离场后应及时清除其所有的访问权限	外部人员离场后由安全管理员对外部人员的账户进行清除,清除所有访问权限。网络管理员删除白名单或访问控制策略	符合
		d)获得系统访问授权的外部人员应签署保密协议,不得进行非授权操作,不得复制和泄露任何敏感信息	外部人员(如开发驻场人员)已签署《驻场运维人员保密承诺书》	符合

(4)安全建设管理

水质监测系统在安全建设管理方面的差距分析结果见表4-17。

表4-17　　　　　　　　　　　安全建设管理差距分析

差距分析对象	评估点	评估项	结果记录	符合程度
安全建设管理	定级和备案	a)应以书面形式说明保护对象的安全保护等级及确定等级的方法和理由	《水质监测系统安全等级保护定级报告》已说明系统安全保护等级为三级的方法和理由	符合
		b)应组织相关部门和有关安全技术专家对定级结果的合理性和正确性进行论证和审定	水质监测系统已通过专家论证和评审,提供《定级评审意见》	符合

续表

差距分析对象	评估点	评估项	结果记录	符合程度
安全建设管理	定级和备案	c)应保证定级结果经过相关部门的批准	定级结果已通过网络与信息安全工作领导小组的批准	符合
		d)应将备案材料报主管部门和相应公安机关备案	已将水质监测系统定级备案材料报相应主管部门和滨海市公安备案	符合
	安全方案设计	a)应根据安全保护等级选择基本安全措施,依据风险分析的结果补充和调整安全措施	未根据水质监测系统安全保护等级为三级要求选择基本的安全措施。目前暂未调整安全措施	不符合
		b)应根据保护对象的安全保护等级及与其他级别保护对象的关系进行安全整体规划和安全方案设计,设计内容应包含密码技术相关内容,并形成配套文件	已提供《水质监测系统总体设计方案》,总体设计方案包括物理安全设计、应用安全设计、数据安全设计等内容,设计内容包括 HTTPS(TLS1.2)等方面的密码技术相关内容	符合
		c)应组织相关部门和有关安全专家对安全整体规划及其配套文件的合理性和正确性进行论证和审定,经过批准后才能正式实施	由信息中心组织单位内部相关部门主要负责人和行业内安全专家对安全整体规划进行评审	符合
	外部人员访问管理	a)应确保网络安全产品采购和使用符合国家的有关规定	已制定《产品选型采购管理制度》,网络安全产品的采购和使用符合国家规定。如日志审计系统、准入设备具备安全产品销售许可证。	符合
		b)应确保密码产品与服务的采购和使用符合国家密码管理主管部门的要求	该系统未采购和使用密码产品和服务	不适用
		c)应预先对产品进行选型测试,确定产品的候选范围,并定期审定和更新候选产品名单	招标前编制采购报告,说明候选采购名单,并附候选产品测试报告	符合

续表

差距分析对象	评估点	评估项	结果记录	符合程度
安全建设管理	自行软件开发	a)应将开发环境与实际运行环境物理分开,测试数据和测试结果受到控制	该系统为外包开发,不涉及自行软件开发	不适用
		b)应制定软件开发管理制度,明确说明开发过程的控制方法和人员行为准则	该系统为外包开发,不涉及自行软件开发	不适用
		c)应制定代码编写安全规范,要求开发人员参照规范编写代码	该系统为外包开发,不涉及自行软件开发	不适用
		d)应具备软件设计的相关文档和使用指南,并对文档使用进行控制	该系统为外包开发,不涉及自行软件开发	不适用
		e)应保证在软件开发过程中对安全性进行测试,在软件安装前对可能存在的恶意代码进行检测	该系统为外包开发,不涉及自行软件开发	不适用
		f)应对程序资源库的修改、更新、发布进行授权和批准,并严格进行版本控制	该系统为外包开发,不涉及自行软件开发	不适用
		g)应保证开发人员为专职人员,开发人员的开发活动受到控制、监视和审查	该系统为外包开发,不涉及自行软件开发	不适用
	外包软件开发	a)应在软件交付前检测其中可能存在的恶意代码	在软件交付前,安全测试单位已提供《系统安全测评报告》,包括WEB应用扫描结果,对可能存在的恶意代码进行检测	符合
		b)应保证开发单位提供软件设计文档和使用指南	已制定《软件开发管理制度》,软件设计文档包括《需求规格说明书》《数据库设计说明书》《概要设计说明书》《详细设计说明书》等软件设计文档,提供《用户操作手册》等使用指南	符合
		c)应保证开发单位提供软件源代码,并审查软件中可能存在的后门和隐蔽信道	开发单位未提供源代码。未审查软件中可能存在的后门和隐蔽信道	不符合

续表

差距分析对象	评估点	评估项	结果记录	符合程度
安全建设管理	工程实施	a)应指定或授权专门的部门或人员负责工程实施过程的管理	《测试验收管理制度》指定信息中心负责工程实施过程的管理	符合
		b)应制定安全工程实施方案控制工程实施过程	已制定《项目实施进度计划》《项目实施管理制度》，包括项目阶段、里程碑工作内容、里程碑节点等	符合
		c)应通过第三方工程监理控制项目的实施过程	已通过第三方工程监理单位控制项目的实施过程	符合
	测试验收	a)应制订测试验收方案，并依据测试验收方案实施测试验收，形成测试验收报告	已制定《测试验收管理制度》《测试用例》，并根据《测试用例》开展测试验收工作，形成了《测试报告》《功能与性能测评报告》等验收报告	符合
		b)应进行上线前的安全性测试，并出具安全测试报告，安全测试报告应包含密码应用安全性测试相关内容	水质监测系统上线前，信息中心委托第三方测评公司开展安全性测试，并出具《水质监测系统安全测试报告》。但安全性测试报告未包括密码应用安全性测试相关内容	部分符合
	系统交付	a)应制定交付清单，并根据交付清单对所交接的设备、软件和文档等进行清点	已制定《监理初验报告》，内容包括交付的软件完成情况、文档交付表等	符合
		b)应对负责运行维护的技术人员进行相应的技能培训	已制订培训计划，对运维人员进行了相应技能培训，形成培训记录	符合
		c)应提供建设过程文档和运行维护文档	已提供《需求规格说明书》《数据库设计说明书》《概要设计说明书》《详细设计说明书》《项目实施进度计划》等建设过程文档，提供《用户操作手册》等使用指南	符合
	等级测评	a)应定期进行等级测评，发现不符合相应等级保护标准要求的及时整改	本次开展的工作为差距分析，通过差距分析结果进行整改	不适用
		b)应在发生重大变更或级别发生变化时进行等级测评	该系统未发生重大变更和级别变化	不适用

续表

差距分析对象	评估点	评估项	结果记录	符合程度
安全建设管理	等级测评	c)应确保测评机构的选择符合国家有关规定	已选择的测评机构符合国家有关规定	符合
	服务供应商选择	a)应确保服务供应商的选择符合国家的有关规定	已选择的服务供应商具备安全相应的资质	符合
		b)应与选定的服务供应商签订相关协议,明确整个服务供应链各方需履行的网络安全相关义务	与选定的服务供应商签订了安全相关协议,如《技术服务合同》《保密协议》	符合
		c)应定期监督、评审和审核服务供应商提供的服务,并对其变更服务内容加以控制	服务供应商提供《网络安全服务情况评价表》,对服务的工作态度、技术能力、服务质量、服务满意度情况等进行评价	符合

水质监测系统在安全建设管理云计算扩展方面的差距分析结果见表4-18。

表4-18　　　　　　　　安全建设管理云计算扩展差距分析结果

差距分析对象	评估点	评估项	结果记录	符合程度
安全建设管理	云服务商选择	a)应选择安全合规的云服务商,其所提供的云计算平台应为其所承载的业务应用系统提供相应等级的安全保护能力	已选择滨海云为云安全服务商,滨海云平台已出具《网络安全等级保护政务云平台等级测评报告》,该平台按网络安全等级保护三级标准建设,已进行备案并通过网络安全等级保护测评	符合
		b)应在服务水平协议中规定云服务的各项服务内容和具体技术指标	水质监测系统部署在滨海云平台,云服务商与云服务客户已签订SLA协议,内容包括了云服务商所提供的云服务内容和需提供的技术指标	符合
		c)应在服务水平协议中规定云服务商的权限与责任,包括管理范围、职责划分、访问授权、隐私保护、行为准则、违约责任等	云服务商与云服务客户已签订SLA协议,SLA内容规定云服务商的权限与责任,包括管理范围、职责划分、访问授权、隐私保护、行为准则、违约责任等	符合

续表

差距分析对象	评估点	评估项	结果记录	符合程度
安全建设管理	云服务商选择	d)应在服务水平协议中规定服务合约到期时,完整提供云服务客户数据,并承诺在云计算平台上清除相关数据	云服务商与云服务客户已签订SLA协议,SLA协议内容规定了云服务商的权限与责任,规定了业务关系到期和受其影响的用户数据的处理方案,规定了合约到期后云服务商向云服务客户提供完整的数据	符合
		e)应与选定的云服务商签署保密协议,要求其不得泄露云服务客户数据	云服务客户与云服务商签订保密协议,保密内容明确规定数据归云服务客户所有,云服务商不得以任何理由泄露云服务客户数据	符合
	供应链管理	a)应确保供应商的选择符合国家有关规定	服务商提供的产品或服务清单符合规定,供应商的选取已满足国家有关规定,如已有查阅安全产品的销售许可证资质	符合
		b)应将供应链安全事件信息或安全威胁信息及时传达给云服务客户	该条款不适用于云租户差距分析	不适用
		c)应将供应商的重要变更及时传达给云服务客户,并评估变更带来的安全风险,采取措施对风险进行控制	该条款不适用于云租户差距分析	不适用

(5)安全运维管理

水质监测系统在安全运维管理方面的差距分析结果见表4-19。

表4-19 安全运维管理差距分析结果

差距分析对象	评估点	评估项	结果记录	符合程度
安全运维管理	环境管理	a)应指定专门的部门或人员负责机房安全,对机房出入进行管理,定期对机房供配电、空调、温湿度控制、消防等设施进行维护管理	水质监测系统部署在滨海云平台,采用IaaS云服务模式	不适用

差距分析对象	评估点	评估项	结果记录	符合程度
安全运维管理	环境管理	b)应建立机房安全管理制度,对有关物理访问、物品带进出和环境安全等方面的管理做出规定	水质监测系统部署在滨海云平台,采用IaaS云服务模式	不适用
		c)应不在重要区域接待来访人员,不随意放置含有敏感信息的纸档文件和移动介质等	已加强对办公环境的保密性管理,在会议室接待来访人员,终端已设置屏幕保护程序,重要纸质文件均整理后存放在档案室	符合
	供应链管理	a)应编制并保存与保护对象相关的资产清单,包括资产责任部门、重要程度和所处位置等内容	已编制《资产清单》,包含资产名称、操作系统/数据库、用途、重要程度等内容	符合
		b)应根据资产的重要程度对资产进行标识管理,根据资产的价值选择相应的管理措施	已提供《资产安全管理制度》,制度内容包括信息资产的分类及管理、数据资产保护要求、软件资产保护要求、实物资产保护要求等内容	符合
		c)应对信息分类与标识方法做出规定,并对信息的使用、传输和存储等进行规范化管理	《资产安全管理制度》中具有对信息资产进行分类和标识的原则和方法,制度文件中具有对不同类信息的使用、传输和保存等操作的要求	符合
	介质管理	a)应将介质存放在安全的环境中,对各类介质进行控制和保护,实行存储环境专人管理,并根据存档介质的目录清单定期盘点	已制定《介质安全管理制度》,对介质存放环境、纸质文档的使用和处置、介质的归档查询、介质销毁进行规定。目前系统未使用移动存储介质	符合
		b)应对介质在物理传输过程中的人员选择、打包、交付等情况进行控制,并对介质的归档和查询等进行登记记录	《介质安全管理制度》中具有介质在物理传输时的管理流程和要求;目前未发生介质的物理传输,有物理介质传输的管理记录模板文件《重要介质使用(借用)登记表》,记录内容包括介质类型、所存信息内容、使用人、审批人等	符合

续表

差距分析对象	评估点	评估项	结果记录	符合程度
安全运维管理	设备维护管理	a)应对各种设备(包括备份和冗余设备)、线路等指定专门的部门或人员定期进行维护管理	滨海云平台的网络设备、服务器、通信线路等由云平台管理员定期进行维护,滨海市生态环境局管理员定期对水质监测系统相关虚拟网络设备和安全设备、ECS虚拟主机等进行维护	符合
		b)应建立配套设施、软硬件维护方面的管理制度,对其维护进行有效的管理,包括明确维护人员的责任、维修和服务的审批、维修过程的监督控制等	已建立《设备安全管理制度》,明确了维护人员的责任、升级维修和服务的审批、维修过程的监督控制等	符合
		c)信息处理设备应经过审批才能带离机房或办公地点,含有存储介质的设备带出工作环境时其中重要数据应加密	在《设备安全管理制度》中规定了本地机房或办公地点中的信息处理设备禁止带出	符合
		d)含有存储介质的设备在报废或重用前,应进行完全清除或被安全覆盖,保证该设备上的敏感数据和授权软件无法被恢复重用	《设备安全管理制度》规定设备报废应由安全管理员负责将硬件设备内容的数据进行销毁处理,并在《信息处理设备报废处理单》中确认签字	符合
	漏洞和风险管理	a)应采取必要的措施识别安全漏洞和隐患,对发现的安全漏洞和隐患及时进行修补或评估可能的影响后进行修补	滨海云平台中的网络设备和安全设备、服务器等由云平台管理员通过漏洞扫描设备进行漏洞扫描。水质监测系统由滨海市生态环境局管理员负责对应用系统的漏洞扫描工作,并及时修复漏洞。但未对RDS(MySQL)数据库进行漏洞扫描和补丁检查	部分符合
		b)应定期开展安全测评,形成安全测评报告,采取措施应对发现的安全问题	定期开展自查及委托第三方测评公司开展安全测评工作,并有相应的报告	符合

差距分析对象	评估点	评估项	结果记录	符合程度
安全运维管理	网络和系统安全管理	a)应划分不同的管理员角色进行网络和系统的运维管理,明确各个角色的责任和权限	已划分系统管理员、网络管理员、安全管理员角色,系统管理员负责ECS虚拟主机和数据库的日常维护;网络管理员负责网络设备的日常维护;安全管理员负责安全产品策略的配置等工作	符合
		b)应指定专门的部门或人员进行账户管理,对申请账户、建立账户、删除账户等进行控制	由滨海市生态环境局信息中心管理员对账户进行管理,工作内容包括账户的增加和删除等	符合
		c)应建立网络和系统安全管理制度,对安全策略、账户管理、配置管理、日志管理、日常操作、升级与打补丁、口令更新周期等方面做出规定	已制定《办公终端使用规范》《网络安全管理制度》《系统安全管理制度》《账号、口令及权限管理》《服务器管理规范》等,对安全策略、账户管理、配置管理、口令管理、补丁管理、日志管理等方面的内容进行规定	符合
		d)应编制重要设备的配置和操作手册,依据手册对设备进行安全配置和优化配置等	已制定各类操作手册,依据操作手册进行安全配置和优化配置,如《堡垒机操作手册》	符合
		e)应详细记录运维操作日志,包括日常巡检工作、运行维护记录、参数的设置和修改等内容	滨海市生态环境局信息中心管理员通过堡垒机详细记录了运维操作日志,包括运行维护记录,安全策略的修改、文件权限的修改等内容	符合
		f)应指定专门的部门或人员对日志、监测和报警数据等进行分析、统计,及时发现可疑行为	滨海市生态环境局信息中心管理员通过云安全中心(基础版)、堡垒机、日志审计系统对日志进行监测、识别和分析	符合
		g)应严格控制变更性运维,经过审批后才可改变连接、安装系统组件或调整配置参数,操作过程中应保留不可更改的审计日志,操作结束后应同步更新配置信息库	已制定《变更管理制度》,明确变更分类、申请、受理和实施流程。运维操作过程中审计日志不可更改。网络设备与云安全设备审计日志保存在云控制台,服务器审计记录保存在堡垒机,本地安全设备审计记录保存在日志审计系统。在变更结束后由管理员及时对配置信息库进行更新	符合

差距分析对象	评估点	评估项	结果记录	符合程度
安全运维管理	网络和系统安全管理	h)应严格控制运维工具的使用,经过审批后才可接入进行操作,操作过程中应保留不可更改的审计日志,操作结束后应删除工具中的敏感数据	仅允许滨海市生态环境局信息中心管理员通过云控制台和堡垒机管理 ECS 主机、数据库、负载均衡;第三方人员需接入时,须通过滨海市生态环境局信息中心安全主管授权审批通过后,方可登录堡垒机进行维护和操作。操作过程中所有用户行为日志保存在堡垒机中。目前未使用其他第三方工具接入	符合
		i)应严格控制远程运维的开通,经过审批后才可开通远程运维接口或通道,操作过程中应保留不可更改的审计日志,操作结束后立即关闭接口或通道	已严格控制远程运维的开通,人员需要运维时,须经滨海市生态环境局信息中心安全主管审批授权后方可开通,操作过程中用户行为日志需保存在堡垒机中,操作结束后及时删除临时账户和访问资源	符合
		j)应保证所有与外部的连接均得到授权和批准,应定期检查违反规定无线上网及其他违反网络安全策略的行为	所有外部连接均得到滨海市生态环境局信息中心授权和审批,通过准入设备对违反网络安全策略的行为进行检查	符合
	恶意代码防范管理	a)应提高所有用户的防恶意代码意识,对外来计算机或存储设备接入系统前进行恶意代码检查等	已制定《恶意代码防范管理制度》,规定:外来电子邮件或外部必须交换的移动存贮介质,在使用前须进行病毒检查;需要在内部设备使用U盘或移动硬盘时,需提前在办公网设备上进行病毒查杀,确认没有病毒后方可使用。每年进行安全意识宣传和培训,提高所有人员防恶意代码意识	符合
		b)应定期验证防范恶意代码攻击的技术措施的有效性	管理终端中安装了杀毒软件,病毒库已更新至最新,可在杀毒软件中查看病毒查杀记录,但是水质监测系统服务器无防恶意代码攻击的技术措施	部分符合

差距分析对象	评估点	评估项	结果记录	符合程度
安全运维管理	配置管理	a)应记录和保存基本配置信息,包括网络拓扑结构、各个设备安装的软件组件、软件组件的版本和补丁信息、各个设备或软件组件的配置参数等	已在管理终端记录和保存基本配置信息	符合
		b)应将基本配置信息改变纳入变更范畴,实施对配置信息改变的控制,并及时更新基本配置信息库	实施变更后,及时更新基本配置信息库,已将配置信息改变纳入变更范畴,在《变更管理制度》中明确了配置信息变更流程,并在变更后更新配置信息库	符合
	密码管理	a)应遵循相关国家标准和行业标准	系统未使用密码产品	不适用
		b)应使用国家密码管理主管部门认证核准的密码技术和产品	系统未使用密码产品	不适用
	变更管理	a)应明确变更需求,变更前根据变更需求制定变更方案,变更方案经过评审、审批后方可实施	已制定《变更管理制度》,对变更申请、变更评估、变更实施、变更反馈与分析等过程进行了规定,根据该制度,单位变更分为常规变更、一般变更、重要变更和重大变更,常规变更、一般变更需填写《变更申请表》。该系统未发生重要变更和重大变更	符合
		b)应建立变更的申报和审批控制程序,依据程序控制所有的变更,记录变更实施过程	已制定《变更管理制度》,规定:由于系统技术原因引起的变更和因生产运行检查维护等需要变更,由具体业务管理处室发起,但涉及业务数据或对系统运行连续性有影响的,必须经相关业务管理部门确认验证。生产数据变更(维护)申请应由业务主管部门进行审核审批。由具体业务管理处室负责实施的生产数据变更(维护),并应报对应的业务主管部门主要负责人审批确认,方可办理。常规变更、一般变更需填写《变更申请表》。该系统未发生重要变更和重大变更	符合

续表

差距分析对象	评估点	评估项	结果记录	符合程度
安全运维管理	变更管理	c)应建立中止变更并从失败变更中恢复的程序,明确过程控制方法和人员职责,必要时对恢复过程进行演练	已制定《变更管理制度》,规定在变更实施过程中,若因某种原因导致变更失败,必须由最终批准变更的系统管理员或分管领导决定是否启动回退方案	符合
	备份和恢复管理	a)应识别需要定期备份的重要业务信息、系统数据及软件系统等	需要定期备份的数据包括数据库数据、配置信息等	符合
		b)应规定备份信息的备份方式、备份频度、存储介质、保存期等	已制定《数据备份和恢复管理制度》,对数据的备份方式、备份频率、存储介质和保存期等进行规范	符合
		c)应根据数据的重要性和数据对系统运行的影响,制定数据的备份策略和恢复策略、备份程序和恢复程序等	已制定《数据备份和恢复管理制度》,规定对于与生产相关的各种业务系统数据须每天进行备份。数据被大规模更新前后,须对数据进行备份。备份介质中的数据须每年进行恢复测试,以确保备份的有效性和备份恢复的可行性	符合
	安全事件处置	a)应及时向安全管理部门报告所发现的安全弱点和可疑事件	通过安全会议、安全培训等加强各人员安全防范意识,及时上报发现的安全弱点和可疑事件	符合
		b)应制定安全事件报告和处置管理制度,明确不同安全事件的报告、处置和响应流程,规定安全事件的现场处理、事件报告和后期恢复的管理职责等	未制定安全事件报告和处置管理制度	不符合
		c)应在安全事件报告和响应处理过程中,分析和鉴定事件产生的原因,收集证据,记录处理过程,总结经验教训	未制定安全事件报告和处置管理制度	不符合
		d)对造成系统中断和造成信息泄漏的重大安全事件应采用不同的处理程序和报告程序	未制定安全事件报告和处置管理制度	不符合

续表

差距分析对象	评估点	评估项	结果记录	符合程度
安全运维管理	应急预案管理	a)应规定统一的应急预案框架,包括启动预案的条件、应急组织构成、应急资源保障、事后教育和培训等内容	未制定应急预案	不符合
		b)应制定重要事件的应急预案,包括应急处理流程、系统恢复流程等内容	未制定应急预案	不符合
		c)应定期对系统相关的人员进行应急预案培训,并进行应急预案的演练	未制定应急预案,未定期对系统相关的人员进行应急预案培训,并进行应急预案的演练	不符合
		d)应定期对原有的应急预案重新评估,修订完善	未制定应急预案	不符合
	外包运维管理	a)应确保外包运维服务商的选择符合国家的有关规定	未选择外包运维服务	不适用
		b)应与选定的外包运维服务商签订相关的协议,明确约定外包运维的范围、工作内容	未选择外包运维服务	不适用
		c)应保证选择的外包运维服务商在技术和管理方面均应具有按照等级保护要求开展安全运维工作的能力,并将能力要求在签订的协议中明确	未选择外包运维服务	不适用
		d)应在与外包运维服务商签订的协议中明确所有相关的安全要求,如可能涉及对敏感信息的访问、处理、存储要求,对IT基础设施中断服务的应急保障要求等	未选择外包运维服务	不适用

水质监测系统在安全运维管理云计算扩展方面的差距分析结果见表4-20。

表4-20　　　　　　　　　　安全运维管理云计算扩展差距分析结果

差距分析对象	评估点	评估项	结果记录	符合程度
安全运维管理	云计算环境管理	云计算平台的运维地点应位于中国境内,境外对境内云计算平台实施运维操作应遵循国家相关规定	滨海云平台位于cn-binhai-binhai01-d01,运维地点位于滨海市,在中国大陆境内	符合

2.安全管理需求

（1）安全管理制度需求

安全管理制度需求涉及相关管理制度的完善和建设应急预案体系。在管理制度方面,应制定安全事件报告、处置管理制度和应急预案。应定期对安全管理制度的合理性和适用性进行论证和审定。

（2）安全管理机构需求

安全管理机构需求涉及人员的管理组织架构,应从人员配备、审核和检查方面进行分析。

在人员配备方面,应设置相应的管理岗位,配备审计管理员等岗位;在审核和检查方面,应定期对系统日常运行、数据备份等情况进行安全检查。

（3）安全管理人员需求

安全管理人员需求涉及安全意识教育和培训,应针对不同岗位制订不同的培训计划,对安全基础知识、岗位操作规程等进行培训;应定期对不同岗位的人员进行技能考核。

（4）安全建设管理需求

安全建设管理需求涉及安全方案设计、外包软件开发、测试验收等。在安全方案设计方面,应根据水质监测系统的安全保护等级选择基本的安全措施,目前暂未调整安全措施。在外包软件开发方面,应提供源代码并审查软件中可能存在的后门和隐蔽信道。在测试验收方面,安全性测试报告应包括密码应用安全性测试相关内容。

（5）安全运维管理需求

安全运维管理需求涉及漏洞和风险管理、恶意代码防范管理、安全事件处置、应急预案管理。在漏洞和风险管理方面,应对RDS（MySQL）数据库进行漏洞扫描和补丁检查。在恶意代码防范管理方面,应对水质监测应用服务器安装杀毒软件,定期验证防范恶意代码攻击的技术措施的有效性。在安全事件处置方面,应制定安全事件报告和处置管理制度。在应急预案管理方面,应制定应急预案,定期对系统相关的人员进行应急预案培训,并进行应急预案的演练。

4.3.2　安全管理体系方案设计

安全管理体系的作用是通过建立健全组织机构、规章制度,以及通过人员安全管理、安全教育与培训和各项管理制度的有效执行,落实人员职责,确定行为规范,保证技术措施真正发挥效用,与技术体系共同保障安全策略的有效贯彻和落实。

等级保护安全管理体系主要包括安全管理制度、安全管理机构、安全管理人员、安全建设管理、安全运维管理五个层面,如图4-5所示。

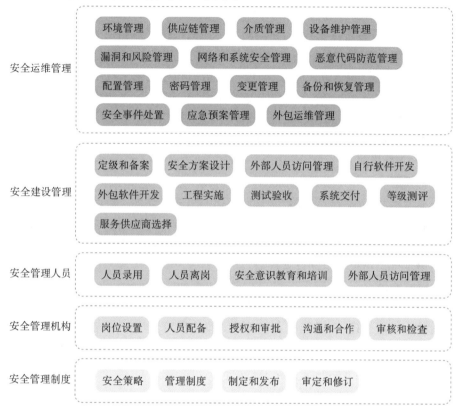

图4-5 等级保护管理体系框架

1.安全管理制度

应制定《安全事件管理制度》,明确不同安全事件的报告和响应流程,规定安全事件报告和后期恢复的管理职责。在安全事件报告和响应处理过程中,应分析和鉴定事件产生的原因,收集证据,记录处理过程,总结经验教训等。对造成系统中断和信息泄漏的重大安全事件应采用不同的处理程序和报告程序。

2.安全管理机构

(1)人员配备

应配备一名审计管理员和一名安全管理员,并明确审计管理员和安全管理员的相关职责。如审计管理员职责应包括:监督信息中心对各项信息安全规章制度的执行,并对关键信息文件进行备份,及时查出安全隐患;负责对整个信息系统进行安全审计;对安全管理员做的安全评估报告进行审计等。

(2)审核和检查

应定期对系统日常运行(CPU运行状态、内存占用情况、硬盘空间、硬件指示灯状态、系统连通、部件状态、系统日志)、数据备份等情况进行安全检查,形成《安全检查报告》。

3.安全管理人员

安全管理人员主要包括人员录用、离岗、考核、教育培训等内容。一般单位都有统一的人事管理部门负责人员管理。这里的人员安全管理主要指对关键岗位人员进行的以安全为核心的管理,例如对关键岗位的人员采取在录用或上岗前进行全面、严格的安全审查和技能考核,与关键岗位人员签署保密协议,对离岗人员撤销系统账户和相关权限等措施。

只有注重对安全管理人员的培养,提高其安全防范意识,才能做到安全有效的防范,因此需要对各类人员进行安全意识教育、岗位技能培训和相关安全技术培训。培训的内容包括单位的网络安全方针、网络安全方面的基础知识、安全技术、安全标准、岗位操作规程、最新的工作流程、相关的安全责任要求、法律责任和惩戒措施等。

根据基本要求制定人员录用、离岗、考核、培训几个方面的规定,并严格执行;规定外部人员访问流程,并严格执行。

4.安全建设管理

根据基本要求制定系统安全建设管理制度,包括:系统定级、安全方案设计、产品采购和使用、自行软件开发、外包软件开发、工程实施、测试验收、系统交付、系统备案、等级评测、安全服务商选择等方面。从工程实施的前、中、后三个方面,从初始定级设计到验收评测完整的工程周期角度进行系统安全建设管理。

5.安全运维管理

根据《基本要求》,利用管理制度以及安全管理中心对信息系统进行日常安全维护管理,包括:环境管理、资产管理、介质管理、设备管理、监控管理、网络安全管理、系统安全管理、恶意代码防范管理、密码管理、变更管理、备份与恢复管理、安全事件处置管理、应急预案管理等,使系统始终处于相应等级安全状态中。

4.3.3 安全管理建设整改

安全管理整改

根据安全规划中所涉及的安全管理体系和差距分析问题列表,制定新的安全管理制度体系。一套全面的安全管理制度体系具有四级架构,包括:网络安全工作的总体方针策略、各种安全管理活动的管理制度、日常操作行为的操作规程和安全配置规范、各类记录表单。如图4-6所示。

安全策略:阐明使命和意愿,明确安全总体目标、范围、原则和安全框架,建立工作运行模式	一级文件
管理制度:信息系统的建设、开发、运维、升级、改造等阶段和环节应遵循的规范	二级文件
操作规程:各项具体活动的步骤和方法,可以是一个手册、一个流程表单或一个实施方法	三级文件
记录表单:日常运行记录、审批记录、会议纪要等记录文档	四级文件

图4-6 安全管理制度体系四级架构图

新建的详细安全管理制度清单见表4-21,其中黑色加粗的文件是对应安全需求新增的文件,并且列出了所满足的需求点。

表4-21　　　　　　　　　　　　　安全管理制度清单

文件级别	分类	文件内容	对应需求点
一级文件	安全策略	《信息安全方针和安全策略》,主要内容包括安全策略总纲等	
二级文件	安全管理制度	制定、发布、维护部分管理制度	
	安全管理机构	《岗位工作职责》等制度	
		《信息安全组织机构制度》	
		《关键活动的授权审批制度》	
		《审核和检查制度》	
		《沟通合作管理制度》	
		……	
	安全管理人员	人员录用、人员离岗、人员考核等方面管理制度,如《人员安全管理制度》	
		《违规惩戒管理制度》	
		……	
	安全建设管理	产品选型、采购方面管理制度,如《产品选型采购管理制度》	
		软件开发方面管理制度,如《软件开发管理制度》等	
		工程实施过程管理方面的管理制度,如《项目实施管理制度》	
		测试验收交付方面管理制度,如《测试验收管理制度》《测试用例》等	
		……	
	安全运维管理	《机房管理制度》	
		《资产管理制度》	
		《介质管理制度》	

续表

文件级别	分类	文件内容	对应需求点
二级文件	安全运维管理	《信息分类分级标识管理制度》	
		《设备安全管理制度》	
		《网络安全管理制度》	
		《系统安全管理制度》	
		《账号、口令及权限管理制度》	
		《恶意代码防范管理制度》	
		《密码使用管理制度》	
		《变更管理制度》	
		《数据备份和恢复管理制度》	
		《信息安全事件管理制度》	表4-19——安全运维管理——安全事件处置——b)
		《应急预案管理制度》	表4-19——安全运维管理——应急预案管理——a)
		……	—
三级文件	规范类	《需求规格说明书》	
		《数据库设计说明书》	
		《概要设计说明书》	
		《详细设计说明书》	
		《测试用例》	
		《办公终端使用规范》	
		《服务器管理规范》	
	操作手册	《网络运维基础知识手册》	
		《堡垒机操作手册》	
		《用户操作手册》	
		《系统操作规程》	
		《网络和信息系统突发事件应急预案》	表4-19——安全运维管理——应急预案管理——b)

续表

文件级别	分类	文件内容	对应需求点
四级文件	记录、表单类	《网络账号申请表》	
		《管理制度评审修订记录》	
		《日常安全管理检查表》	
		《网络安全检查表》	
		《安全教育培训计划表》	表4-16——安全管理人员——安全意识教育和培训——b)
		《培训记录》	
		《重点岗位员工安全保密协议》	
		《机房日常巡检记录表》	
		《机房登记表》	
		《资产清单》	
		《介质归档登记表》	
		《介质借阅查询登记表》	
		《信息处理设备报废处理单》	
		《信息系统运维操作记录表》	
		《信息系统密码修改登记表》	
		《信息系统安全等级保护定级报告》	
		《安全技能考核表》	
		《信息系统变更申请表》	
		《数据备份登记表》	
		《信息安全事件报告和处置表》	表4-19——安全运维管理——安全事件处置——c)
		《应急演练记录表》	表4-19——安全运维管理——应急预案管理——c)
		《应急演练制度修订表》	表4-19——安全运维管理——应急预案管理——c)
		……	-

4.4　技能与实训

1. 建设整改的安全需求分析有哪些方法？
2. 某企业需要对信息系统进行全面的建设整改，应该从哪些方面进行规划？
3. 某门户网站系统网络边界处无任何安全防护措施，请针对安全区域边界进行安全方案设计。
4. 某企业需要建立一套完善的安全管理体系，你作为安全管理体系的建设者，应该从哪些方面进行设计？

4.5　本学习单元附件

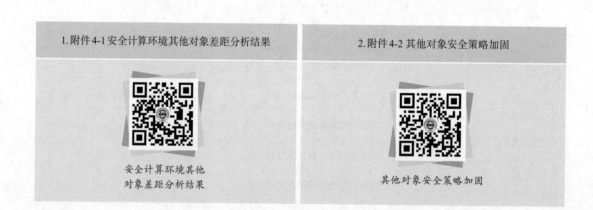

1. 附件4-1安全计算环境其他对象差距分析结果

安全计算环境其他
对象差距分析结果

2. 附件4-2 其他对象安全策略加固

其他对象安全策略加固

4.6　拓展阅读

习近平：聪者听于无
声，明者见于未形

学习单元5

网络安全等级保护——等级测评

"乘众人之智,则无不任也;用众人之力;则无不胜也。"刘安《淮南子·主术训》。

知识目标

◆ 了解:等级保护对象等级测评的依据和方法。
◆ 熟知:等级保护对象等级测评方案和测评指导书编制方法。
◆ 掌握:等级保护现场测评的测评方法。

能力目标

◆ 能够根据等级测评依据和方法进行测评方案和测评指导书开发。
◆ 能够依据测评方案和测评指导书实施现场测评工作。
◆ 能够依据现场测评结果进行分析判断,并进行测评报告编制。

素质目标

◆ 通过学习访谈、核查、测试等测评方法及对各类测评方法的深度应用,培养学生精益求精的工匠精神。
◆ 通过学习规范的测评流程,培养学生在工作中注重合规的意识。
◆ 通过学习测评过程中的合作要点和故事案例,培养学生有效沟通、团结协作的职业素质。

【学习项目3】水质监测系统的等级测评

测评准备活动

5.1 任务5-1测评准备活动

测评准备活动的目标是顺利启动测评项目,收集定级对象相关资料,准备测评所需资料,为编制测评方案打下良好的基础。

5.1.1 信息收集和分析

项目组开展等级测评前需对等级保护对象进行调研,制定调研表收集系统的基本信息,调研内容包括:物理机房、系统使用的软硬件设备、数据资源、安全相关人员、安全管理制度等。收集调研表中的资产信息时,根据具体资产被破坏后对等级保护对象的业务影响确定重要程度,并填写在调研表中。

水质监测系统的调研表设计可参考定级备案阶段的附件3-1,此处不再赘述。

5.1.2 工具和表单准备

项目组开展测评之前须准备好测评设备、工具和测评表单。

测评设备、工具包括但不限于:PC(计算机)、网络安全等级测评工具、WEB安全检测工具、恶意行为检测工具、网络协议分析工具、源代码安全审计工具、渗透测试工具等,在测试过程中辅助验证安全问题。

根据水质监测系统的基本情况,测评机构选择的测评设备、工具见表5-1。

表5-1   测评设备、工具列表

序号	工具用途分类	具体描述
1	系统层漏洞检测	选取能够对操作系统和数据库系统进行漏洞扫描的工具
2	应用层漏洞检测	选取具备WEB应用系统漏洞扫描的工具
3	渗透测试工具集	选取包含缓冲区溢出利用、口令破解、注入验证等具备渗透测试功能的工具(测试工具本身无漏洞)
4	网络安全等级测评工具	现场测评数据采集和收录以及测评报告生成
5	个人PC	现场测评过程表单编制、承载其他测试工具

测评表单主要包括以下内容:项目计划书、风险告知书、等级测评结果记录、会议记录、文档交接单等,具体表单见表5-2。

表5-2 测评相关表单

序号	名称	具体描述
1	项目计划书	包括项目概述、工作依据、工作内容和项目组织等
2	风险告知书	包括现场测评阶段的检查、扫描、渗透测试等操作可能对系统产生的风险以及风险规避措施等内容
3	等级测评结果记录	包括测评对象、安全类、测评指标、现场结果记录等
4	会议记录	包括测评现场各类会议记录以及会议签到
5	文档交接单	现场测评文档清单以及交接情况
……	……	……

测评人员根据水质监测系统的基本情况编制了本测评项目的项目计划书，会议记录和文档交接单可以由用户根据实际情况制定并提供。水质监测系统的测评相关表单列表见附件5-1。

测评方案编制活动

5.2 任务5-2测评方案编制活动

测评方案编制活动的目标是整理测评准备活动中获取的定级对象相关资料，为现场测评活动提供最基本的文档和指导方案。

测评机构与测评委托单位均须参与测评方案编制活动，双方有各自的职责。

1.测评机构职责

1)详细分析被测系统的整体结构、边界、网络区域、设备部署情况等；

2)初步判断被测系统的安全薄弱点；

3)分析确定测评对象、测评指标、测评内容和工具测试方法；

4)编制测评方案文本，并对其进行内部评审；

5)制订风险规避实施方案。

2.测评委托单位职责

1)向测评机构介绍本单位的信息化建设及发展情况；

2)提供测评机构需要的相关资料；

3)为测评人员的信息收集工作提供支持和协调；

4)准确填写调查表格；

5)提供被测系统的具体情况，如业务运行高峰期、网络布置情况等；

6)为测评时间安排提供适宜的建议；

7)制订应急预案；

8)对测评方案进行审核确认。

方案编制活动主要包括测评对象确定、测评指标确定、测评内容确定、工具测试方法确定、测评指导书开发及测评方案编制六项主要任务,基本工作流程如图5-1所示。

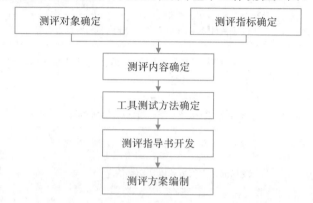

图 5-1　方案编制活动工作流程

5.2.1　测评对象确定

1.测评对象选取原则

测评对象是等级测评的直接工作对象,也是被测定级对象中实现特定安全测评指标所对应的具体系统组件,因此,选择测评对象是编制测评方案的必要步骤,也是整个测评工作的重要环节。恰当选择测评对象的种类和数量是整个等级测评工作能够获取足够证据、了解到被测定级对象真实安全保护状况的重要保证。

测评对象的确定一般采用抽查的方法,即抽查定级对象中具有代表性的组件作为测评对象。并且,在测评对象确定时应能平衡工作投入与结果产出的关系。

在确定测评对象时,需遵循以下原则:

1)重要性,应抽查对被测定级对象来说重要的服务器、数据库和网络设备等;

例如:安装业务应用软件和数据库的服务器,支撑业务的数据库、核心层的交换机、出口路由器等。

2)安全性,应抽查对外暴露的网络边界;

例如:部署在互联网、政务外网、外联单位、单位外网等外联边界区域。

3)共享性,应抽查共享设备和数据交换平台/设备;

例如:本系统与其他系统共同使用的日志服务器、交换机、监控平台等。

4)全面性,抽查应尽量覆盖系统的各种设备类型、操作系统类型、数据库系统类型和应用系统类型;

例如:华为各型号的交换机、安装Windows不同版本的服务器、不同类型的数据库等。

5)符合性,选择的设备、软件系统等应能符合相应等级的测评强度要求。

例如:二级系统可不抽查设备重要程度为一般的业务终端,三级系统则需进行抽查。

2.测评对象抽查方法

根据《测评过程指南》附录D,第三级定级对象的等级测评,测评对象种类上要基本覆盖,数量可以进行抽样,重点抽查主要的设备、设施、人员和文档等。抽查的测评对象种类主要考虑以下几个方面：

1）主机房（包括其环境、设备和设施等）和部分辅机房，应将放置了服务于定级对象的局部（包括整体）或对定级对象的局部（包括整体）安全性起重要作用的设备、设施的辅机房作为测评对象；

2）存储被测定级对象重要数据的介质的存放环境；

3）办公场地；

4）整个系统的网络拓扑结构；

5）安全设备，包括防火墙、入侵检测设备和防病毒网关等；

6）边界网络设备（可能会包含安全设备），包括路由器、防火墙、认证网关和边界接入设备（如楼层交换机）等；

7）对整个定级对象或其局部的安全性起作用的网络互联设备，如核心交换机、汇聚层交换机、路由器等；

8）承载被测定级对象主要业务或数据的服务器（包括其操作系统和数据库）；

9）管理终端和主要业务应用系统终端；

10）能够完成被测定级对象不同业务使命的业务应用系统；

11）业务备份系统；

12）信息安全主管人员、各方面的负责人员、具体负责安全管理的当事人、业务负责人；

13）涉及定级对象安全的所有管理制度和记录。

在本级定级对象测评时，定级对象中配置相同的安全设备、边界网络设备、网络互联设备、服务器、终端以及备份设备，每类应至少抽查两台作为测评对象。

项目组按照上述原则和方法选取水质监测系统的测评对象，包括：物理机房、网络设备、安全设备、服务器/存储设备、终端设备、系统管理软件/平台、业务应用系统/平台、数据资源、安全相关人员等，具体测评对象清单见附件5-2。

5.2.2 测评指标确定

项目组根据被测对象的安全保护等级，选择《基本要求》中对应级别的安全通用要求和安全扩展要求作为等级测评的测评指标。

1.安全通用要求指标选择

安全通用要求指标选择为《基本要求》中S3A3G3的对应指标，以安全物理环境为例，指标选择结果见表5-3。水质监测系统整体的安全通用要求指标选择结果见附件5-3。

表5-3   安全通用要求指标

安全类①	控制点②	测评项数
安全物理环境	物理位置选择	2
	物理访问控制	1

①安全类对应《基本要求》中的安全物理环境、安全通信网络、安全区域边界、安全计算环境、安全管理中心、安全管理制度、安全管理机构、安全管理人员、安全建设管理和安全运维管理。

②控制点是对安全类的进一步细化，在《基本要求》目录级别中安全类的下一级目录。

续表

安全类	控制点	测评项数
安全物理环境	防盗窃和防破坏	3
	防雷击	2
	防火	3
	防水和防潮	3
	防静电	2
	温湿度控制	1
	电力供应	3
	电磁防护	2
……	……	……
安全运维管理	……	……

2.安全扩展要求指标选择

使用移动互联技术、云计算技术、物联网、工业控制系统、大数据等特殊类型的被测系统,需选择《基本要求》中对应级别的安全扩展要求作为等级测评的指标。由于水质监测系统为采用IaaS模式部署在云平台上的云租户系统,使用了云计算技术,项目组根据《基本要求》选择对应安全等级为S3A3G3的云计算安全扩展要求作为测评指标,具体安全扩展要求指标选择见表5-4。由于水质监测系统使用的APP为通用即时通信软件(例如:钉钉、微信、支付宝等),系统仅通过该APP的接口提供访问服务,未涉及专用移动应用、专用移动终端或专用移动网络,故无需选择移动互联扩展要求。

表5-4 安全扩展要求指标

扩展类型	安全类	安全控制点	测评项数
云计算安全扩展要求	安全物理环境	基础设施位置	1
	安全通信网络	网络架构	5
	安全区域边界	访问控制	2
		入侵防范	4
		安全审计	2
	安全计算环境	身份鉴别	1
		访问控制	2
		入侵防范	3

续表

扩展类型	安全类	安全控制点	测评项数
云计算安全扩展要求	安全计算环境	镜像和快照保护	3
		数据完整性和保密性	4
		数据备份恢复	4
		剩余信息保护	2
	安全管理中心	集中管控	4
	安全建设管理	云服务商选择	5
		供应链管理	3
	安全运维管理	云计算环境管理	1

3.其他安全要求指标

项目组结合被测评单位要求、被测对象的实际安全需求,以及安全最佳实践经验,未发现《基本要求》中未覆盖或者高于被测对象安全保护等级的安全要求,故未选择如行业标准等其他安全要求指标。具体测评指标选择见表5-5。

表5–5　　　　　　　　　　　　　　其他安全要求指标

安全类	安全控制点	测评项数
本次测评未涉及其他安全要求		

4.不适用安全要求指标

项目组鉴于被测对象的复杂性和特殊性,将《基本要求》中可能不适用于所有测评对象的某些要求项,不作为本次测评的测评指标,并给出不适用原因,见表5-6。水质监测系统完整的不适用安全要求指标表见附件5-4。

表5–6　　　　　　　　　　　　　　不适用安全要求指标

安全类	控制点	不适用项	不适用原因
安全物理环境	物理位置选择	a)机房场地应选择在具有防震、防风和防雨等能力的建筑内	系统部署在滨海云平台,采用IaaS云服务模式,物理机房属于滨海云,滨海云未提供物理机房测评条件,此项不适用
		b)机房场地应避免设在建筑物的顶层或地下室,否则应加强防水和防潮措施	
	物理访问控制	机房出入口应配置电子门禁系统,控制、鉴别和记录进入人员	
……	……	……	……

续表

安全类	控制点	不适用项	不适用原因
安全建设管理	供应链管理	a)应确保供应商的选择符合国家有关规定	此项为云平台测评项,而本系统为云租户系统,此项不适用
		b)应将供应链安全事件信息或安全威胁信息及时传达给云服务客户	
		c)应将供应商的重要变更及时传达给云服务客户,并评估变更带来的安全风险,采取措施对风险进行控制	

5.2.3 工具测试方法确定

通过工具测试,不仅可以直接获取到目标系统存在的操作系统、应用等方面的漏洞,同时,也可以通过在不同的区域接入测试工具所得到的测试结果,判断不同区域之间的访问控制情况。

在等级测评中,需使用测试工具进行测试,测试工具可能用到漏洞扫描器、渗透测试工具集、协议分析仪等。开展测试工具测试之前需要规划好工具测试(扫描)接入点及测试路径。

1.工具测试方法确定原则与步骤

工具测试的首要原则是在不影响目标系统正常运行的前提下严格按照方案选定范围进行测试。这就意味着,工具测试不能影响或改变目标系统的正常运行状态,并且测试对象严格控制在方案中选定的被测对象。工具测试方法确定的具体步骤如下:

1)确定工具测试环境。根据被测系统的实时性要求,可选择生产环境或与生产环境各项安全配置相同的备份环境、生产验证环境或测试环境作为工具测试环境;

2)确定需要进行测试的测评对象。收集系统中的目标网络设备、安全设备、服务器设备及目标系统网络拓扑结构等相关信息。

3)选择测试路径。测试工具的接入采取从外到内、从其他网络到本地网络的顺序逐点接入,即测试工具从被测系统边界外接入、在被测系统内部与测评对象不同区域网络及同一网络区域内接入等几种方式(例如:先接入网络边界扫描,再接入内部区域边界扫描,最后接入区域内部扫描,逐级递进)。接入点的规划随着网络结构、访问控制、主机位置等情况的不同而不同,没有固定的模式可循,但是,根据测试经验,也能总结出一些基本的、共性的原则。具体原则如下:

①由低级别系统向高级别系统探测;

②同一系统同等重要程度功能区域之间要相互探测;

③由较低重要程度区域向较高重要程度区域探测;

④由外联接口向系统内部探测;

⑤跨网络隔离设备(包括网络设备和安全设备)要分段探测(即每隔一个网络隔离设备就设置一个扫描接入点,以此验证网络隔离设备的策略有效性);

4)依据以上几个原则,基本可以在网络拓扑图中规划接入点的位置;

5)根据最终的工具测试接入点以及扫描路径,输出接入点描述,包括测试工具的接入点、测试路径和测试对象等,接入点描述须与工具测试接入点图保持一致。

2.工具测试接入点确定

根据水质监测系统网络拓扑结构,并结合工具测试接入点规划原则规划工具测试接入点。

以"由外联接口向系统内部探测"的原则为例:该系统存在2个外联边界,分别为互联网边界和政务外网边界。互联网边界访问路径:起点为互联网,终点为公有云中的服务器;政务外网边界访问路径:起点为互联网,终点为专有云中的服务器。工具测试接入点需覆盖所有边界,并按照边界的访问路径扫描,扫描目标为服务器以及途经的网络和安全服务。因此,该系统的边界工具测试接入点为接入点A和接入点B,具体扫描路径如图5-2所示。

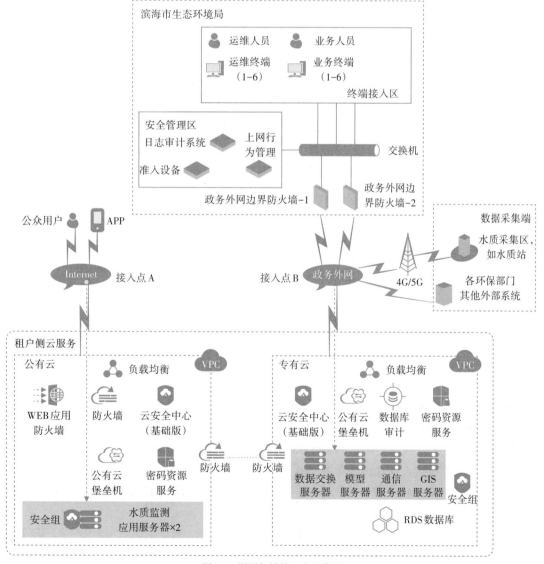

图5-2 漏洞扫描接入点示意图

1)扫描接入点A

在互联网上选取一个接入点A,在此处接入测试工具,对服务器、应用系统等进行扫描,从该接入点开始的扫描线路可以验证安全组策略的有效性,可以发现服务器和应用系统暴露在互联网上的漏洞情况。由于云平台网络和安全设备由云平台管理且互联网无法访问,故本次扫描不涉及。扫描的服务器和应用系统资产见表5-7。

表5-7　　　　　　　　　接入点A扫描的服务器设备和应用

设备名称	IP地址	操作系统/版本/补丁
水质监测应用服务器	*.*.*.9(对外地址)	Windows server 2012
水质监测系统	https://******.cn	\

根据扫描探测结果,在此接入点使用渗透测试工具集,试图利用安全漏洞获取服务器和应用系统的操作权限。

2)扫描接入点B

在政务外网上选取一个接入点B,在此处接入测试工具,对该系统的服务器、应用系统进行扫描,从该接入点开始的扫描线路可以验证安全组策略的有效性,可以发现服务器和应用系统暴露在政务外网上的漏洞情况。由于云平台网络和安全设备由云平台管理且互联网无法访问,故本次扫描不涉及扫描的服务器和应用系统资产列表见表5-8:

表5-8　　　　　　　　　接入点B扫描的服务器设备和应用

设备名称	IP地址	操作系统/版本/补丁
数据交换服务器	*.*.*.249	Windows server 2012
模型服务器	*.*.*.250	Windows server 2012
通信服务器	*.*.*.248	Windows server 2012
GIS服务器	*.*.*.247	Windows server 2012
水质监测系统	https://******.cn	\

根据扫描探测结果,在此接入点使用渗透测试工具集,试图利用安全漏洞获取服务器和应用系统的操作权限。

3.渗透测试

在扫描发现漏洞之后,根据目标系统的具体情况,在最大程度不影响目标系统正常运行的情况下,对漏洞扫描发现的漏洞进行验证、取证。结合渗透测试结果可以更加准确地判断扫描发现的漏洞对系统的实际影响程度,即漏洞的实际风险值。

在接入点A和接入点B开展渗透测试工作,接入渗透测试设备,对在互联网出口和政务外网出口可能发现的服务器和应用系统进行渗透测试,模拟攻击者试图渗透进入该网络的攻击行为。

渗透测试过程中可能会对系统运行造成影响,开展渗透测试前须告知用户相关风险并提前做好风险规避措施,如数据备份等。

渗透测试验证过程仅限于验证漏洞的可用性,而不对目标系统做任何的添加、修改等操作。

5.2.4 测评指导书开发

测评指导书是具体指导测评人员如何进行测评活动的文档,是测评人员开展现场测评活动的规范和指导,因此测评指导书的内容应尽量完备,包括具体测评对象和测评指标、应采用的测评方法、工具、操作步骤、应记录的内容等,以保证测评结果一致性、可比性和可重复性。

为保证测评指导书的可操作性和正确性,测评指导书应有明确的适用范围(例如厂家、型号、操作系统类型、版本等),对测评实施的描述应尽量详细且无错漏、歧义,相关测评方法、操作步骤均须通过仿真环境的测试。

1.测评指导书具体内容

测评指导书主要包括测评对象、测评指标、测评实施、预期结果或主要证据、判定等内容。

测评指导书中的测评对象为5.2.1中明确抽查的资产,例如网络和安全设备、主机设备、应用系统等。在编制测评指导书时应明确测评对象的厂家、型号、操作系统版本等信息,确保以此为基础制定的测评方法和操作步骤具有可操作性,测评结果具有一致性、可比性和可重复性。

测评指导书中的测评指标为5.2.2中确定的测评指标汇总,包括安全通用要求指标、安全扩展要求指标、其他安全要求指标。不适用安全要求指标无需测评,也无需编制对应的测评方法、工具、操作步骤等。

测评指导书中的测评实施包括测评内容、测评方法、操作步骤等。单个测评指标可能包括多个要求,须根据《测评要求》对单个测评指标的具体要求进行分析拆解,确定的测评对象和可测评的测评指标结合在一起,就形成了具体的测评内容。《测评要求》中明确了测评方法,包括访谈、核查、测试。操作步骤的开发素材主要来源于测评对象的生产商、系统集成商,测评工具的生产商、供应商提供的相关用户手册、操作指南等文档资料,以及通过互联网、技术论坛、安全会议等渠道获得的资料。在制定测评指导书时,测评方法和操作步骤须与定级对象的安全保护等级保持一致性。同时,在编制测评指导书时应根据具体的测评对象和测评内容合理地选择测评方法,例如:对机房的测评以实地察看和文档审查为主,对网络和安全设备、操作系统、应用系统等对象进行技术测评时应以设备安全配置核查与工具测试为主,对安全管理制度、安全管理机构、安全管理人员等进行管理类测评时应以人员访谈和文档审查为主。

测评指导书中的预期结果或主要证据是按照测评指导书的测评实施得到的结果(获取的证据)以及可能发现的问题。在编制预期结果或主要证据时,通常采用测评实施结果中"满足"取值范围或要求的那一个,进行正向举例,但在某些特殊情况下,也可采用测评实施结果中"不满足"取值范围或要求的那一个进行反向举例。

测评指导书中的判定是根据测评实施结果与预期结果或主要证据是否一致得出单个测评指标的最终结果,判定包括符合、部分符合、不符合三种结果。例如,测评实施结果与预期结果或主要证据(正向举例)一致,则该测评指标的判定结论为符合;若测评实施结果与预期结果或主要证据部分一致,则该测评指标的判定结论为部分符合;若测评实施结果与预期结果或主要证据完全不一致,则该测评指标的判定结论为不符合。汇总并整理选定测评对象的测评指标、测评实施、预期结果或主要证据、判定等内容,形成特定的测评对象指导书。测评指导书的编制需覆盖所有类型的测评对象以及安全层面。

2.测评指导书编制分析

本系统的安全保护级别为S3A3G3,现以编制"Linux测评指导书—身份鉴别a项"为例进行分析。

《基本要求》中安全通用要求—安全计算环境—身份鉴别a项的具体安全要求为:"应对登录的用户进行身份标识和鉴别,身份标识具有唯一性,身份鉴别信息具有复杂度要求并定期更换",该安全要求即为测评指导书中该项的测评指标。

根据《测评要求》,该安全要求的测评实施包括以下内容:

1)应核查用户在登录时是否采用了身份鉴别措施;

2)应核查用户列表,确认用户身份标识是否具有唯一性;

3)应核查用户配置信息或测试验证是否不存在空口令用户;

4)应核查用户鉴别信息是否具有复杂度要求并定期更换。

根据《测评要求》,该安全要求的单元判定为:如果1)~4)均为肯定,则符合本测评单元指标要求,否则不符合或部分符合本测评单元指标要求。

根据Linux操作系统相关教材以及官方资料查询可知:Linux中的/etc/login.defs是登录程序的配置文件,在这里我们可配置密码的最大过期天数,密码的最大长度约束等内容。如果/etc/pam.d/system-auth文件里有相同的选项,则以/etc/pam.d/system-auth里的设置为准,也就是说/etc/pam.d/system-auth的配置优先级高于/etc/login.defs。

Linux系统具有调用PAM的应用程序认证用户、登录服务、屏保功能,其中一个重要文件便是/etc/pam.d/system-auth(在Redhat、CentOS和Fedora系统上)或/etc/pam.d/common-passwd(在Debian、Ubuntu和LinuxMint系统上)。/etc/pam.d/system-auth或/etc/pam.d/common-passwd中的配置优先级高于其他地方的配置。

另外,root用户不受PAM认证规则的限制,相关配置不会影响root用户的密码,root用户可以随意设置密码。login.defs文件对root用户也是无效的。

根据以上信息生成该系统"Linux测评指导书—身份鉴别a项"的测评方法如下:

1)访谈系统管理员用户是否已设置密码,并查看登录过程中系统账户是否使用了密码进行验证登录;

2)以有权限的账户身份登录操作系统后,使用命令more查看/etc/shadow文件,核查系统是否存在空口令账户;

3)使用命令more查看/etc/login.defs文件,查看是否设置密码长度和定期更换要求。#more /etc/login.defs使用命令more查看/etc/pam.d/system-auth文件,查看密码长度和复杂度要求;

4)检查是否存在旁路或身份鉴别措施可绕过的安全风险。

根据官方资料以及预测试结果生成了预期结果或主要证据如下:

1)登录操作系统需要密码;

2)不存在空口令账户;

3)得出类似反馈信息,如下:

PASS_MAX_DAYS 90　#登录密码有效期90天;

PASS_MIN_DAYS 0　#登录密码最短修改时间,增加可以防止非法用户短期更改多次;

PASS_MINLEN 7 # 登录密码最小长度7位；

PASS_WARN_AGE 7 # 登录密码过期提前7天提示修改。

4)不存在绕过的安全风险。

根据《测评要求》的单元判定以及预期结果和主要证据生成判定如下：

1)符合：1)~4)均符合

2)不符合：1)不符合或1)~4)均不符合为不符合；

3. 测评指导书生成

根据分析结果"Linux测评指导书——身份鉴别a项"的测评指导书见表5-9。

表5-9　　　安全计算环境—服务器(Linux操作系统)身份鉴别a项(三级)测评指导书

类别	安全要求	测评方法	预期结果或主要证据	符合	不符合	不适用	备注
身份鉴别	a)应对登录的用户进行身份标识和鉴别，身份标识具有唯一性，身份鉴别信息具有复杂度要求并定期更换	1)使用命令more查看/etc/shadow文件，核查系统是否存在空口令账户(即某用户第二个域是否为空，也即第一个冒号与第二个冒号之间是否为空)。 2)使用命令more查看/etc/passwd文件，查看UID字段(即第三个冒号与第四个冒号之间的值)，比较未禁用账户的UID是否存在相同。 3)使用命令more查看/etc/login.defs文件，查看是否设置定期更换要求。(此配置文件设置为模板策略，仅用于增加用户时，为新增加用户设置默认策略。因此此配置文件可看可不看，重点看chage –l username结果) #more /etc/login.defs a)PASS MAX_DAYS 90 #登录密码有效期90天，建议不大于90天。 b)PASS MIN_DAYS 0 #登录密码最短修改时间，增加可以防止非法用户短期更改多次，建议不等于0。 c)PASS MIN_LEN 7 #登录密码最小长度7位，实际无效。 d)PASS WARN_AGE 7 #登录密码过期提前7天提示修改，建议默认。 使用chage –l username查看每个未禁用用户的密码策略。 a)PASS MAX_DAYS 90 #登录密码有效期90天，建议不大于90天。 b)PASS MIN_DAYS 0 #登录密码最短修改时间，增加可以防止非法用户短期更改多次，建议不等于0。 4)使用命令more查看/etc/pam.d/system-auth文件。查看密码长度和复杂度要求。 5)访谈管理员是否有其他方式管理设备，核查是否存在绕过的安全风险	1)不存在空口令账户。 2)Linux不同账户UID不重复(仅针对未禁用的账户)。 3)Linux中每个账户密码更改策略设置如下： PASS MAX_DAYS不大于90； PASS MIN_DAYS不等于0； 4)在system-auth文件中设置了口令长度和复杂度要求。 5)不存在绕过的安全风险	1)、2)、3)、4)、5)均符合	1)不符合或5)不符合或1)、2)、3)、4)均不符合	无	
……	……	……	……	……	……	……	……

根据测评指导书开发步骤,项目组编制了水质监测系统整套测评指导书,详见附件5-5《水质监测系统测评指导书汇总》。

5.2.5 测评方案编制

根据收集和整理的信息初步编制测评方案,测评方案包括项目概述、测评对象、测评指标、工具测试接入点、单项测评实施内容等。经单位内部评审,并移交测评委托单位确认后完成最终测评方案。该系统的测评方案见附件5-6。

5.3 任务5-3现场测评与测评结果记录

现场测评活动

项目组通过与测评委托单位进行沟通和协调,为现场测评的顺利开展打下良好基础,依据测评方案和测评指导书实施现场测评工作。现场测评工作应取得报告编制活动所需的、足够的证据和资料。

偷油的老鼠

5.3.1 现场测评

根据测评方案实施现场测评,现场测评时要注意风险规避,并根据测评获取的相关证据和信息生成现场测评结果记录。本次测评内容包括安全物理环境、安全区域边界、安全通信网络、安全计算环境、安全管理中心、安全管理制度、安全管理机构、安全管理人员、安全建设管理、安全运维管理十大安全层面,涉及的测评对象包括:负载均衡、公有云堡垒机、专有云堡垒机、上网行为管理、水质监测应用服务器、运维终端、业务终端等资产,具体资产见附件5-2。

开展现场测评时需注意以下几点:

1)开展测评前,测评人员须了解测评过程中存在的安全风险,并确认测评委托单位已对风险告知书进行签字确认,做好了相应的应急和备份工作。

2)开展测评前,召开测评现场首次会议,介绍现场测评工作安排,相关方对测评计划和测评方案中的测评内容和方法等进行沟通。

3)开展测评前,须取得现场测评授权书,并确认测评环境是否正常(物理环境、设备运行状态、时间等)、测评委托单位是否能够提供测评支持;

4)测评时按照测评指导书实施现场测评,获取相关证据和信息;

5)测评结束后,测评人员与被测评人员及时确认测评工作是否对测评对象造成不良影响,测评对象及测评系统是否工作正常;

6)测评结束后,应首先汇总现场测评的测评记录,对漏掉和需要进一步验证的内容实施补充测评;

7)召开测评现场末次会议,测评双方对测评过程中得到的证据源记录进行现场沟通和确认;

8)现场结束后须归还测评过程中借阅的所有文档资料,并由测评委托单位文档资料提供者签字确认;

9)遵守其他测评委托单位的管理规定;

10)遵守测评机构管理办法以及其他法律法规的要求。

5.3.2 测评结果记录

现场测评时需记录的结果包括:测评方法、现状、问题描述等内容。

(1)技术测评部分

以水质监测系统的"安全计算环境—身份鉴别—服务器"为例,现场测评结果记录见表5-10。水质监测系统的全部现场结果记录见附件5-7。

表5-10　　　　　　　　　　　　安全计算环境—身份鉴别—服务器结果记录表

测评对象	安全控制点	测评指标	结果记录
地表水水质应用服务器	身份鉴别	a)应对登录的用户进行身份标识和鉴别,身份标识具有唯一性,身份鉴别信息具有复杂度要求并定期更换	经核查:采用用户名和口令对登录操作系统的用户进行身份标识和鉴别,当前启用的账户有administrator,当前口令由字母、数字组成,长度8位以上,不存在空口令、弱口令账户,SID具有唯一性。已设置密码策略:密码必须符合复杂性要求,已启用;密码长度最小值:8个字符;密码最短使用期限:0天;密码最长使用期限:90天;强制密码历史:5个记住的密码。administrator账户上次设置密码时间:2021/5/24。经访谈系统管理员:设备未定期更换口令
		b)应具有登录失败处理功能,应配置并启用结束会话、限制非法登录次数和当登录连接超时自动退出等相关措施	经访谈系统管理员:已配置账户锁定策略;经核查:账户锁定时间,30分钟;账户锁定阈值,10次无效登录;重置账户锁定计数器,30分钟;已开启带密码的屏保:10分钟
		c)当进行远程管理时,应采取必要措施防止鉴别信息在网络传输过程中被窃听	经访谈系统管理员:采用通过SSL加密的RDP协议远程管理服务器。传输过程中的鉴别信息为密文。能防止鉴别信息在传输过程中被窃听
		d)应采用口令、密码技术、生物技术等两种或两种以上组合的鉴别技术对用户进行身份鉴别,且其中一种鉴别技术至少应使用密码技术来实现	经访谈系统管理员:仅采用用户名口令对登录用户进行身份鉴别;未采用两种或两种以上组合的鉴别技术对管理用户进行身份鉴别
		……	……
	个人信息保护	……	……

（2）管理测评结果记录

管理测评部分以水质监测系统的"安全管理机构—岗位设置"为例，现场测评结果记录见表5-11。

表5-11　　　　　　　　　"安全管理机构—岗位设置"结果记录表

测评对象	安全控制点	测评指标	结果记录
地表水水质应用服务器	身份鉴别	a）应成立指导和管理网络安全工作的委员会或领导小组，其最高领导由单位主管领导担任或授权	经核查《滨海市生态环境局领导小组成员及责任分工的通知》文件：单位已成立网络与信息安全工作领导小组，已确认主任为小组组长。在《滨海市生态环境局工作领导小组成员及责任分工的通知》中明确了领导小组的工作职责
		b）应设立网络安全管理工作的职能部门，设立安全主管、安全管理各个方面的负责人岗位，并定义各负责人的职责	经访谈已设立大数据中心为网络安全管理工作的职能部门；经核查《岗位工作职责》：设立了安全管理员、网络管理员、系统管理员等岗位。并在《岗位工作职责》中明确了部门职责、部门负责人职责及各岗位人员职责
		c）应设立系统管理员、审计管理员和安全管理员等岗位，并定义部门及各个工作岗位的职责	经访谈管理员：已设立系统管理员、网络管理员、安全管理员、安全审计员等岗位；经核查《岗位工作职责》：已在制度中对各岗位职责进行说明
		……	……
	审核和检查	……	……

5.4　任务5-4测评报告编制

测评报告编制

报告编制活动是在现场测评工作结束后，测评机构对现场测评获得的测评结果（或测评证据）进行汇总分析，形成等级测评结论，并编制测评报告。测评报告采用公安部或测评联盟统一下发的测评报告模板，测评报告模板结构和固定模板内容不可擅自修改。

测评人员在初步判定单项测评结果后，还需进行单元测评结果判定、整体测评、系统安全保障评估，经过整体测评后，有的单项测评结果可能会有所变化，需要进一步修订单项测评结果，而后针对安全问题进行风险评估，形成等级测评结论。分析与报告编制活动包括单项测评结果判定、单元测评结果判定、整体测评、系统安全保障评估、安全问题风险分析、等级测评结论形成及测评报告编制几项主要任务,分析与报告编制活动的基本工作流程如图5-3所示。

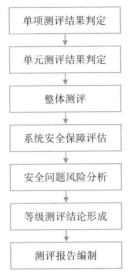

图5-3 分析与报告编制活动的基本工作流程

5.4.1 单项测评结果判定

本任务主要是针对单个测评项,结合具体测评对象客观、准确地分析测评证据,形成初步单项测评结果,单项测评结果是形成等级测评结论的基础,测评时要输入经过测评委托单位确认的测评证据和证据源记录、测评指导书。

1)针对每个测评项,分析该测评项所对抗的威胁在被测定对象中是否存在,如果不存在,则该测评项应标为不适用项;

2)分析单个测评项的测评证据,并与要求内容的预期测评结果相比较,给出单项测评结果和符合程度得分;

3)如果测评证据表明所有要求内容与预测评结果一致,判定该测评项的单项测评结果为符合,如果测评证据表明所有要求内容与预期测评结果不一致,判定该测评项的单项测评结果为不符合,否则判定该测评项的单项测评结果为部分符合。

以水质监测系统的"安全计算环境—负载均衡"为例,单项判定结果见表5-12。

表5-12　　　　　　　　　　"安全计算环境—负载均衡"单项结果判定表

测评对象	安全控制点	测评指标	结果记录	符合程度
负载均衡	身份鉴别	a)应对登录的用户进行身份标识和鉴别,身份标识具有唯一性,身份鉴别信息具有复杂度要求并定期更换	1)不存在空口令、弱口令账号; 2)采用用户名口令加MFA认证对用户进行身份鉴别,身份标识具有唯一性; 3)口令长度8位以上,由数字、大小写字母组成; 4)未定期更换口令	部分符合

测评对象	安全控制点	测评指标	结果记录	符合程度
	……	……	……	……
负载均衡	个人信息保护	a)应仅采集和保存业务必需的用户个人信息	网络设备不涉及此项测评	不适用
		b)应禁止未授权访问和非法使用用户个人信息	网络设备不涉及此项测评	不适用

5.4.2 单元测评结果判定

本任务主要是将单项测评结果进行汇总,分别统计不同测评对象的单项测评结果,从而判定单元测评结果,具体步骤如下。

1)按层面分别汇总不同测评对象对应测评指标的单项测评结果情况,包括测评多少项,符合要求的有多少项等内容。

2)分析每个控制点下所有测评项的符合情况,给出单元测评结果,单元测评结果判定规则如下:

①控制点包含的所有适用测评项的单项测评结果均为符合,则对应该控制点的单元测评结果为符合;

②控制点包含的所有适用测评项的单项测评结果均为不符合,则对应该控制点的单元测评结果为不符合;

③控制点包含的所有测评项均为不适用项,则对应该控制点的单元测评结果为不适用;

④控制点包含的所有适用测评项的单项测评结果不全为"符合"或"不符合",则对应该控制点的单元测评结果为部分符合。

以"安全计算环境—身份鉴别"为例,该控制点共4个要求项,其中,3个要求项单项符合,1个要求项为不符合,则"安全计算环境—身份鉴别"的单元测评结果为部分符合,具体见表5-13。

表5-13　　　"安全计算环境—身份鉴别"的单元测评结果

序号	通用/扩展	安全类	控制点	要求项	单项判定	控制点符合情况		
						符合	部分符合	不符合
1	安全通用要求	安全物理环境	物理位置选择	……	……	……	……	……
2		……	……	……	……	……		

续表

序号	通用/扩展	安全类	控制点	要求项	单项判定	控制点符合情况		
						符合	部分符合	不符合
3		安全计算环境	身份鉴别	a)应对登录的用户进行身份标识和鉴别,身份标识具有唯一性,身份鉴别信息具有复杂度要求并定期更换	符合			
4				b)应具有登录失败处理功能,应配置并启用结束会话、限制非法登录次数和当登录连接超时自动退出等相关措施	符合			
5				c)当进行远程管理时,应采取必要措施防止鉴别信息在网络传输过程中被窃听	符合			
6				d)应采用口令、密码技术、生物技术等两种或两种以上组合的鉴别技术对用户进行身份鉴别,且其中一种鉴别技术至少应使用密码技术来实现	不符合			
……	……	……	……	……	……	……	……	……
控制点符合情况数量统计				/	/			

5.4.3 整体测评

信息系统的安全控制集成到信息系统后,会在层面内、层面间和区域间产生连接、交互、依赖、协同等相互关联关系,使信息系统的整体安全功能与信息系统的结构密切相关,在整体上呈现出一种集成特性。这些集成特性在安全控制的工作单元中没有完全体现。因此,在安全控制测评的基础上,有必要对集成系统和运行环境进行整体测评。根据《测评要求》中整体测评方法,针对单项测评结果的不符合项及部分符合项,采取逐条判定的方法,从安全控制点、区域/层面出发考虑,给出整体测评的具体结果。具体步骤如下。

1.安全控制点间安全测评

层面间的安全测评主要针对测评对象"部分符合"及"不符合"要求的单个测评项,在同一区域内的不同层面之间存在的功能增强、补充和削弱等关联作用。例如,网络层面、主机系统层面与安全管理的系统运维管理之间关系密切,应关注它们之间的关联互补作用。(如:主机层无恶意代码检测和清除措施,但网络层落实了恶意代码检测和清除措施,可以弥补问题测评项,降低问题风险。)

2.区域间安全测评

区域间的安全测评主要考虑互连互通(包括物理上和逻辑上的互联互通等)的不同区域

之间存在的安全功能增强、补充和削弱等关联作用,特别是有数据交换的两个不同区域。例如:主机层和网络层均无恶意代码检测和清除措施,但被测系统与互联网完全物理隔离,并采取USB介质管控,可以弥补问题测评项,降低问题风险。

3. 整体分析

根据整体测评分析情况,修正单项测评结果符合程度得分和问题严重程度值。

4. 分析结果

以水质监测系统的"安全计算环境—入侵防范"安全控制点为例,安全控制点间安全测评结果见表5-14。

表5-14　　　　　　　"安全计算环境—入侵防范"安全控制点间测评结果

序号	安全类	安全控制点	分析描述
1	……	……	……
2	安全计算环境	入侵防范	负载均衡、云安全中心、堡垒机、数据库审计、WEB应用防火墙、控制台远程管理地址未限制。未授权用户可能通过远程管理服务登录设备或系统,风险较高。 但设备均采用用户名口令和虚拟MFA认证对用户进行身份鉴别。虚拟MFA认证采用TOTP密码技术实现,因此可以降低风险等级
3	……	……	……

5.4.4　系统安全保障评估

综合单项测评和整体测评结果,计算修正后的安全控制点得分和层面得分,并根据得分情况对被测定对象的安全保障情况进行总体评价。具体步骤如下:

1)根据整体测评结果,计算修正后的每个测评对象的单项测评结果和符合程度得分;

2)根据各对象的单项符合程度得分,计算安全控制点得分;

3)根据安全控制点得分,计算安全层面得分;

4)根据安全控制点得分和安全层面得分,总体评价被测定对象已采取的有效保护措施和存在的主要安全问题情况。

以水质监测系统为例,该系统的安全保障评估如下:

在安全通信网络方面,系统部署在滨海云平台,采用的是分布式系统,且部署有负载均衡,能够对网络流量进行分发,防止虚拟网络设备的处理性能达到瓶颈情况。系统采用了负载均衡,能够实现网络流量分发,均衡负载,业务高峰期带宽满足业务需求。******能够保证通信过程中数据的保密性。存在的主要问题有:******。

在安全区域边界方面,****。存在的主要问题有:****。

在安全计算环境—网络设备和安全设备方面,网络设备和安全设备已对登录用户分配权限,系统无默认账户,账户口令由用户自定义,默认口令已更改。网络设备和安全设备无多余、过期的账户,不存在共享账户的情况,一旦发生安全事件,可有效追溯安全责任。网络设备和安全设备由主账户配置各账户的权限,控制不同用户对配置文件的访问。已启用设备的访问控制功能,访问控制的粒度的主体为用户,客体为配置文件。网络设备和安全设备已对审计进程进行保护,防止审计进程被其他用户恶意中断而导致无法对安全事件进行记录的情况。网络设备和安全设备已关闭不必要的服务,降低系统面临的风险。网络设备和安全设备采用HTTPS加密方式进行远程管理,能够保证设备的鉴别数据和重要配置数据在传输过程中的完整性。虚拟网络设备和安全设备存储和读取数据时,对网络流量计算CRC64校验和,检测数据包是否损坏,确保数据完整性。网络设备和安全设备的配置数据已备份至管理员终端,配置变更前后及时对配置数据进行备份。存在的主要问题有:负载均衡、云安全中心、堡垒机、数据库审计、WEB应用防火墙、控制台远程管理地址未限制,一旦口令泄露,可能导致设备被攻击者获取管理权限,给系统造成危害;*******。

在安全计算环境—服务器和终端方面,******。

在安全计算环境—系统管理软件/平台方面,******。

在安全计算环境—业务应用系统/平台方面,******。

在安全计算环境—数据资源方面,******。

在安全管理中心方面,******。

在安全管理制度方面,******。

在安全管理机构方面,******。

在安全管理人员方面,******。

在安全建设管理方面,******。

在安全运维管理方面,******。

综合上述评价结果,水质监测系统总体安全保护状况为"中"。

5.4.5　安全问题风险分析

针对等级测评结果中存在的所有安全问题,结合关联资产和关联威胁分别分析安全问题可能产生的危害结果,找出可能对系统、单位、社会及国家造成的最大安全危害(损失),并根据最大安全危害(损失)的严重程度进一步确定安全问题的风险等级,结果为"高""中"或"低"。最大安全危害(损失)结果应结合安全问题所影响业务的重要程度、相关系统组件的重要程度、安全问题严重程度以及安全事件影响范围等进行综合分析。

以水质监测系统为例,安全问题风险分析见表5-15。

表 5-15　　　　　　　　水质监测系统安全问题风险分析

序号	安全类	安全问题	关联资产[①]	关联威胁	危害分析结果	风险等级
1	安全通信网络	未实现模型服务器、地表水水质应用服务器热冗余部署	水质监测系统	硬件故障	模型服务器未配置硬件冗余,无法保证系统的可用性	中

续表

序号	安全类	安全问题	关联资产	关联威胁	危害分析结果	风险等级
……	……	……	……	……	……	……
8	安全计算环境	未对远程管理地址进行限制	负载均衡、云安全中心(专有云)、云安全中心(公有云)、堡垒机、数据库审计、WEB应用防火墙、公有云控制台、专有云控制台	非授权访问	未授权用户可能通过远程管理服务登录设备或系统	中
……	……	……	……	……	……	……
……	……	……	……	……	……	……
25	安全建设管理	未开展密码应用安全性测试	水质监测系统	不可控	不符合国家密码管理主管部门的要求。存在合规风险	低
……	……	……	……	……	……	……
40	安全计算环境	未在本地保存业务数据的备份	水质监测系统	数据丢失	可能由于云平台出现故障,导致数据删除、数据破坏等,无法恢复数据,造成业务数据丢失	中

5.4.6 等级测评结论形成

等级测评结论由安全问题风险分析结果和综合得分共同确定,判定依据见表5-16。

表 5-16 　　　　　　　　　　　等级测评结论判定依据

等级测评结论	判定依据
优	被测对象中存在安全问题,但不会导致被测对象面临中、高等级安全风险,且综合得分90分以上(含90分)
良	被测对象中存在安全问题,但不会导致被测对象面临高等级安全风险,且综合得分80分以上(含80分)
中	被测对象中存在安全问题,但不会导致被测对象面临高等级安全风险,且综合得分70分以上(含70分)
差	被测对象中存在安全问题,且会导致被测对象面临高等级安全风险,或综合得分低于70分

综合得分计算方法如下:

设 M 为被测对象的综合得分, $M=V_t+V_m$, V_t 和 V_m 根据下列公式计算。

$$V_t \begin{cases} 100 \cdot y - \sum_{k=1}^{t} f(\omega_k) \cdot (1-x_k) \cdot S, & V_t > 0 \\ 0, & V_t \leqslant 0 \end{cases}$$

$$V_m \begin{cases} 100 \cdot (1-y) - \sum_{k=1}^{t} f(\omega_k) \cdot (1-x_k) \cdot S, & V_m > 0 \\ 0, & V_m \leqslant 0 \end{cases}$$

$$x_k = (0, 0.5, 1), \quad S = 100 \cdot \frac{1}{n}, \quad f(\omega_k) = \begin{cases} 1, & \omega_k = \text{一般} \\ 2, & \omega_k = \text{重要} \\ 3, & \omega_k = \text{关键} \end{cases}$$

其中，y 为关注系数，取值在 0 至 1 之间，由等级保护工作管理部门给出，默认值为 0.5。n 为被测对象涉及的总测评项数（不含不适用项，下同），t 为技术方面对应的总测评项数，V_t 为技术方面的得分，m 为管理方面对应的总测评项数，V_m 为管理方面的得分，ω_k 为测评项的重要程度（分为一般、重要和关键），x_k 为测评项 k 的得分。

以水质监测系统为例，根据水质监测系统安全问题风险分析结果统计高、中、低风险安全问题的数量，利用综合得分计算公式计算出被测对象的综合得分，并记录相关结果计算得分，见表 5-17。

表 5-17　　　　　　　　　　　　安全问题统计和综合得分

被测对象名称	安全问题数量			综合得分
	高风险	中风险	低风险	
水质监测系统	0	34	6	72.99

依据《基本要求》和《测评要求》的第三级要求，经对水质监测系统的安全保护状况进行综合分析评价后，等级测评结论如下：

水质监测系统本次等级测评的综合得分为 72.99，且不存在高等级安全风险，等级测评结论为中。

5.4.7　测评报告编制

根据报告编制活动各分析过程形成等级测评报告，具体步骤如下：

1）测评人员整理单项测评、单元测评、整体测评、系统安全保障评估的输出/产品，按照网络安全等级保护官网发布的等级测评报告模板（见附件 5-8）编制测评报告相应部分。每个被测系统应单独出具测评报告；

2）针对被测系统存在的安全隐患，从系统安全角度提出相应的改进建议，编制测评报告的问题处置建议部分；

3）测评报告编制完成后，测评机构应根据测评协议书、测评委托单位提交的相关文档、测评原始记录和其他辅助信息，对测评报告进行评审；

4）评审通过后，由项目负责人签字确认并提交给测评委托单位，最终得到经过评审和确认的被测系统等级测评报告。

水质监测系统的等级测评报告见附件 5-9。

5.5 技能与实训

1.假设你负责这次水质监测系统的管理终端测评,请根据《测评要求》、测评指导书编制要求和前文模板完成《基本要求》中第三级安全计算环境中 Windows 终端的测评指导书编制。

2.某被测系统网络拓扑结构如图 5-4 所示。该被测系统从逻辑上划分为 5 个区,分别是互联网接入区、WEB 服务器区、城域网办公接入区、前置应用、核心数据库区。其中,互联网接入区和 WEB 服务器区组成该被测系统的 WEB 服务子系统,为二级系统。城域网接入区、前置应用区、核心数据库区组成该被测系统的城域网办公子系统,为三级系统。

被测系统中通过 WEB 服务子系统对互联网用户提供 WEB 服务,主要为数据查询服务,查询数据通过 WEB 服务器从核心数据库提取。城域网办公子系统为被测系统内部各个相关单位之间互联办公系统,通过专线接入,办公服务器均放置在前置服务器区,客户端通过前置服务器查询修改核心数据库中的数据。WEB 服务子系统与城域网办公子系统之间通过核心交换机 SW1 以及防火墙 FW3 进行控制。

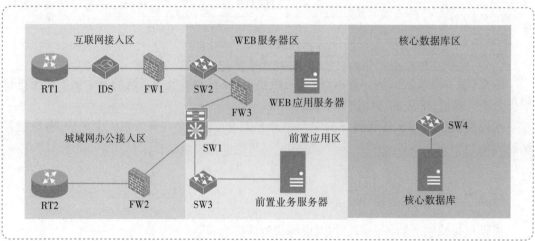

图 5-4 某被测系统网络拓扑结构

(1)假设你是项目经理,在测评该网络中的三级系统时,应选择哪些资产作为测评对象?

(2)请按照重要程度由低到高的原则进行跨区域探测并进行工具测试接入规划,根据已知信息你可以设置哪些扫描接入点?请规划你的扫描接入点,并进行扫描接入点描述。

3.你在测评某个系统(S2A2G2)时遇到了一台华三交换机,请根据该设备的设备配置,编制该交换机的安全计算环境结果记录。

华三交换机

5.6　本学习单元附件

1.附件5-1测评相关表单列表

测评相关表单列表

2.附件5-2 水质监测系统测评对象清单

水质监测系统测评
对象清单

3.附件5-3 水质监测系统安全通用要求指标

水质监测系统安全
通用要求指标

4.附件5-4 水质监测系统不适用安全要求指标

水质监测系统不适用
安全要求指标

5.附件5-5 水质监测系统测评指导书汇总

水质监测系统测评指
导书汇总

6.附件5-6 水质监测系统测评方案

水质监测系统测评方案

7.附件5-7 水质监测系统现场测评结果记录表

8.附件5-8《网络安全等级保护测评报告模板(2021版)》公网安〔2021〕1904号附件等级测评报告模板(2021版)

水质监测系统现场
测评结果记录表

《网络安全等级保护测评报告模板
(2021版)》公网安〔2021〕1904号附件
等级测评报告模板(2021版)

5.7　拓展阅读

屠呦呦获诺贝尔奖
感谢团队合作

学习单元6
信息安全风险评估

"知是行之始，行是知之成"，出自王阳明《传习录》。

知识目标

◆ 了解：信息安全风险评估的基本概念、评估原则、范围、依据等。
◆ 熟知：信息安全风险评估要素及其关系等。
◆ 掌握：信息安全风险评估方法及其实施流程。

能力目标

◆ 能够进行资产识别与赋值、威胁识别与赋值、安全措施识别与赋值、脆弱性识别与赋值。
◆ 能够进行风险分析、风险评价，根据风险评价结果进行风险处置。
◆ 能够根据风险评估各阶段的结论，编制风险评估报告。

素质目标

◆ 通过讲解风险可能导致的各种影响，使学生认识到信息安全风险评估的重要性，培养学生具有信息安全风险评估意识。
◆ 通过学习风险处置方法，使学生明白风险不可能完全消除的道理，信息安全风险评估的目的在于将风险控制在可接受的范围内，培养学生形成冷静合理应对生活中各类风险的意识。
◆ 通过讲解与技能养成相关的中华传统故事和工匠模范故事，培养学生吃苦耐劳、钻研不懈、持之以恒的工匠精神。

【学习项目4】水质监测系统信息安全风险评估

风险评估简介
及项目概述

6.1 项目概述

6.1.1 项目背景

随着信息化的快速发展,现代企业对于计算机系统的依赖程度越来越高,信息系统已成为企业不可缺少的一部分。然而层出不穷的信息安全事件,使得企业重要信息系统面临严峻挑战,企业对于信息系统的保密性、完整性、可用性等安全要求越来越高。对于企业来说采取何种手段、投入多少资源来保障信息系统安全已成为目前面临的主要问题。

信息安全风险评估是信息安全管理的基础和关键环节。通过开展信息安全风险评估,对网络与信息系统的资产价值、潜在的安全威胁、薄弱环节、防护措施等进行分析,可以做到心中有数,及时发现信息系统中存在的主要安全问题,并找到解决方法,有针对性地进行管理。

项目组根据《风险评估方法》并结合《基本要求》,对水质监测系统及其网络环境进行风险评估,识别出系统中的资产、威胁和脆弱性,并通过风险计算的方法对系统面临的安全风险进行分类,最后根据安全风险等级提出适合实际环境的风险处置建议。

6.1.2 评估原则

信息安全风险评估过程是一个复杂且系统化的工作,如在评估过程中未对其进行约束和规定,势必造成评估结果与实际情况之间出现偏差,甚至损害滨海市生态环境局的利益。为保证评估结果质量和过程的可控,将遵循以下原则。

1.可操作性原则

通过详细定义每个阶段的工作内容和活动,明确定义参与人员的职责及每项工作开始前的必备条件和结束时的输出结果,从而规范风险评估工作的流程,保证评估过程的可操作性和可控性。

2.质量控制原则

通过项目管理的方法,从项目的组织、角色定义与培训、沟通与确认、进度控制、文档控制、汇报与验收等多个环节保证评估服务的总体质量。

3.风险规避原则

在评估工作开始前,充分考虑评估工作可能引入的多方面风险,告知用户可能存在的风险,并采取相应的控制措施加以规避。

4.保密性原则

在评估工作开始前,与用户单位签署保密协议,规定评估过程和评估结束后用户单位敏感信息的保密工作,如对数据加密存储、清除用户数据。

5.最小影响原则

通过管理和技术两个层面将评估工作所带来的影响降至最低,避免由于占用过多人力或资源而干扰滨海市生态环境局的正常业务,避免实施过程对信息系统的正常运行产生不利的影响。

6.1.3 评估范围

本项目的评估范围为滨海市生态环境局的水质监测系统,涉及业务资产、系统资产、数据资源、通信网络、网络设备、安全设备、服务器、数据库系统、应用系统、终端、安全管理体系等方面。

6.1.4 评估依据

本次评估工作主要参照以下标准或规范进行:

1.《风险评估方法》

2.《基本要求》

6.1.5 评估流程

风险评估流程分为四个阶段,分别是评估准备阶段、风险识别阶段、风险分析阶段和风险评价阶段,如图6-1所示。

中华经典故事:
卖油翁—熟能生巧

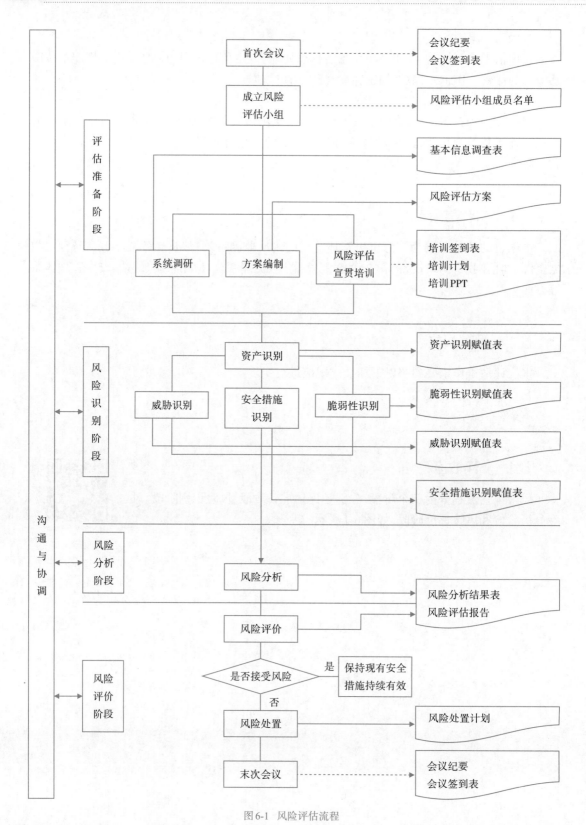

图6-1 风险评估流程

风险评估准备

6.2　评估准备阶段

评估准备阶段包括召开首次会议、确定风险评估的目标、确定风险评估的对象、范围和边界、成立风险评估小组、系统调研、确定评估依据、建立风险评价准则、评估方案编制、风险评估宣贯培训等环节。

6.2.1　首次会议

风险评估正式开始之前,评估方应主持召开与被评估方管理层、职能部门或信息安全主要负责人的首次会议,沟通开展风险评估的目的、风险评估的范围等,会议内容包括:

a)确定本次评估的依据、对象、范围和边界,涉及的部门、人员、资产等;

b)确定本次评估活动的目标、期望、评估活动的生成物(如报告、处置建议)、评估人员需遵守的行为准则等;

c)评估方对本次评估活动所需的访问权限、资源及必要的人力、技术支持等内容。

参加会议的人员应在会议记录表上签字,会议结束后形成会议概要。

会议记录表见表6-1。首次会议是保障风险评估工作能够正常开展的必要过程。

表 6-1　　　　　　　　　　　风险评估会议记录表

会议/培训议题	风险评估首次会议		
时　间	xxxx年xx月xx日	地　点	XX会议室
主持/培训人	XX	记录人	XX
签到:			
会议/培训概要: (1)项目组人员介绍 (2)系统范围确认 (3)项目进度计划确认 (4)项目配合事项介绍 (5)项目注意事项说明 (6)项目保密协议方面说明 ……			

6.2.2　成立风险评估小组

在评估准备阶段,评估组织应当组建专门的风险评估小组(由评估方与被评估方共同组成),负责执行组织的信息安全风险评估工作,对信息安全风险评估工作的现状进行全面深入了解,提出开展信息安全风险评估的对策和方法,为下一步信息安全的建设和管理做准备。风险评估小组成员是指评估过程中的管理者以及具体评估活动的实施者。管理者由评估方、被评估方领导和相关部门负责人组成,实施者由技术主管、IT技术成员等组成,本项目的风险评估小组成员见表6-2。

表6-2   风险评估小组成员

姓名	单位/部门	职务	联系方式
甲		技术部主管(高级工程师)/项目组组长	
已		网络安全工程师,负责网络设备、安全设备评估	
丙		系统工程师,负责操作系统、数据库、应用系统、数据资产等评估	
丁		安全管理体系审核员,负责管理体系评估	

6.2.3 系统调研

系统调研是了解、熟悉被评估对象——水质监测系统的过程。风险评估小组应进行充分的系统调研,以确定风险评估依据和方法的选择,为实施评估内容奠定基础。

调研内容包括:

1)评估单位信息、组织架构

2)业务应用情况

3)网络环境

4)外围设备和终端设备

5)网络边界、外部接入情况

6)应用系统情况

7)数据与信息

8)管理文档

9)网络、安全设备

10)服务器、操作系统

11)数据备份情况

12)其他

水质监测系统调研结果见附件3-1。

6.2.4 建立风险评价准则

在考虑国家法律法规要求及行业背景和特点的基础上,建立风险评价准则,以实现对风险的控制和管理。

6.2.5 方案编制

风险评估方案主要包括:风险评估概述、风险评估目的、风险评估原则、风险评估流程、风险评估内容、工具介绍和现场评估风险规避等。其中,风险评估内容包括:资产识别、威胁识别、安全措施识别、脆弱性识别、风险分析、风险评价和风险处置等。

6.2.6　宣贯培训

为保障风险评估活动的顺利开展,可在评估活动开始前对受评估方举行风险评估宣贯培训。宣贯培训的内容包括:

1)风险评估的基本概念
2)风险评估的作用
3)风险评估实施内容
4)评估所需配合内容
5)风险处置
6)其他

6.3　风险识别阶段

风险识别阶段包括资产识别、威胁识别、安全措施识别、脆弱性识别四个环节。

6.3.1　资产识别

资产识别是风险评估的核心环节。资产按照层次可划分为业务资产、系统资产、系统组件和单元资产,如图6-2所示。

风险识别-资产识别

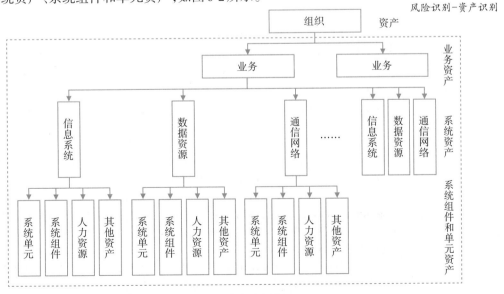

图6-2　资产层次图

1.业务资产识别

业务是实现组织发展规划的具体活动,业务识别是风险评估的关键环节。业务识别内容包括业务的属性、定位、完整性和关联性识别。业务识别主要识别业务的功能、对象、流程和范围等。业务的定位主要识别业务在发展规划中的地位。业务的完整性主要识别其为独立业务或非独立业务。业务的关联性主要识别与其他业务之间的关系。业务识别内容见表6-3。

表6-3 业务识别内容及示例

识别内容	示例
属性	业务功能、业务对象、业务流程、业务范围、覆盖地域等
定位	发展规划中的业务属性和职能定位、与发展规划目标的契合度、业务布局中的位置和作用、竞争关系中竞争力的强弱等
完整性	独立业务:业务独立,整个业务流程和环节闭环 非独立业务:业务属于业务环节的某一部分,可能与其他业务具有关联性
关联性	关联类别:并列关系(业务与业务间并列关系包括业务间相互依赖或单向依赖,业务间共用同一信息系统,业务属于同一业务流程的不同业务环节等)、父子关系(业务与业务之间存在包含关系等)、间接关系(通过其他业务,或者其他业务流程产生的关联性等) 关联程度:如果被评估业务遭受重大损害,将会造成关联业务无法正常开展,此类关联为紧密关联;其他为非紧密关联

业务识别数据应来自熟悉组织业务结构的业务人员或管理人员。业务识别可通过访谈、文档检查、资料查阅完成,还可通过对信息系统进行梳理后总结整理进行补充。应根据业务的重要程度进行等级划分,并对其重要性设为B进行赋值。业务重要性赋值的参考见表6-4。

表6-4 业务重要性赋值表

赋值	标识	定义
5	很高	业务在规划中极其重要,在发展规划中的业务属性及职能定位层面具有重大影响,在规划的发展目标层面中短期目标或长期目标中占据极其重要的地位
4	高	业务在规划中较为重要,在发展规划中的业务属性及职能定位层面具有较大影响,在规划的发展目标层面中短期目标或长期目标中占据极其重要的地位
3	中等	业务在规划中具有一定重要性,在发展规划中的业务属性及职能定位层面具有一定影响,在规划的发展目标层面中短期目标或长期目标中占据重要的地位
2	低	业务在规划中具有一定重要性,在发展规划中的业务属性及职能定位层面影响较低,在规划的发展目标层面中短期目标或长期目标中占据一定的地位
1	很低	业务在规划中具有一定重要性,在发展规划中的业务属性及职能定位层面影响很低,在规划的发展目标层面中短期目标或长期目标中占据较低的地位

业务的关联性会对业务的重要性造成影响。若被评估业务与被赋值高于其重要性的业务具有紧密关联关系,则该业务的重要性赋值应在原赋值基础上进行调整。业务重要性赋值调整方法见表6-5。

表6-5   业务重要性赋值调整表

赋值	标识	定义
5	很高	业务重要性为4,紧密关联业务的重要性为5,该业务重要性调整为5
4	高	业务重要性为3,紧密关联业务的重要性为4以上(含),该业务重要性调整为4
3	中等	业务重要性为2,紧密关联业务的重要性为3以上(含),该业务重要性调整为3
2	低	业务重要性为1,紧密关联业务的重要性为2以上(含),该业务重要性调整为2

假设通过业务识别,发现被评估业务重要性为B_1,与该业务存在紧密关联的业务重要性为B_2,则被评估业务的最终重要性为

$$B=IF(B_2>B_1,B_1+1,B_1)$$

2. 系统资产识别

系统资产识别包括资产分类和业务承载性识别两个方面。系统资产分类包括信息系统、数据资源和通信网络,业务承载性包括承载类别和关联程度,见表6-6。

表6-6   系统资产识别表

识别内容	示例
分类	信息系统:信息系统是指由计算机硬件、计算机软件、网络和通信设备等组成的,并按照一定的应用目标和规则进行信息处理或过程控制的系统。典型的信息系统如门户网站、业务系统、云计算平台、工业控制系统等 数据资源:数据是指任何以电子或者非电子形式对信息的记录。数据资源是指具有或预期具有价值的数据集。在进行数据资源风险评估时,应将数据活动及其关联的数据平台进行整体评估。数据活动包括数据采集、数据传输、数据存储、数据处理、数据交换及数据销毁等 通信网络:通信网络是指以数据通信为目的,按照特定的规则和策略,将数据处理结点、网络设备设施互连起来的一种网络。将通信网络作为独立评估对象时,一般是指电信网、广播电视传输网和行业或单位的专用通信网等以承载通信为目的的网络
业务承载性	承载类别:系统资产承载业务信息采集、传输、存储、处理、交换、销毁过程中的一个或多个环节 关联程度:业务关联程度是指如果资产遭受损害,将会对承载业务环节运行造成的影响,并综合考虑可替代性。资产关联程度是指如果资产遭受损害,将会对其他资产造成的影响,并综合考虑可替代性

在信息安全风险评估中,资产的价值不仅仅由其自身的财务价值决定,应依据资产的保密性、完整性和可用性赋值,结合业务承载性,进行综合计算,应对其可用性(A)、完整性(I)、保密性(C)、业务承载性(W)这四个安全属性分别进行赋值,赋值方法见表6-7至表6-9。

表6-7　　　　　　　　　　　　　　　　　　资产可用性赋值表

赋值	标识	定义
5	很高	资产的可用性要求非常高,合法使用者对资产的可用度达到每年99.9%以上,或系统不准许中断
4	高	资产的可用性要求较高,合法使用者对资产的可用度达到每天90%以上,或系统允许中断时间短于10 min
3	中等	资产的可用性要求中等,合法使用者对资产的可用度在正常工作时间达到70%以上,或系统允许中断时间短于30 min
2	低	资产的可用性要求较低,合法使用者对资产的可用度在正常工作时间达到25%以上,或系统允许中断时间短于60 min
1	很低	资产的可用性要求非常低,合法使用者对资产的可用度在正常工作时间低于25%

表6-8　　　　　　　　　　　　　　　　　　资产完整性赋值表

赋值	标识	定义
5	很高	资产的完整性要求非常高,未经授权的修改或破坏会对资产造成重大的或无法接受的影响
4	高	资产的完整性要求较高,未经授权的修改或破坏会对资产造成较大影响
3	中等	资产的完整性要求中等,未经授权的修改或破坏会对资产造成影响
2	低	资产的完整性要求较低,未经授权的修改或破坏会对资产造成轻微影响
1	很低	资产的完整性要求非常低,未经授权的修改或破坏对资产造成的影响可以忽略

表6-9　　　　　　　　　　　　　　　　　　资产保密性赋值表

赋值	标识	定义
5	很高	资产的保密性要求非常高,一旦丢失或泄露会对资产造成重大的或无法接受的影响
4	高	资产的保密性要求高,一旦丢失或泄露会对资产造成较大影响
3	中等	资产的保密性要求中等,一旦丢失或泄露会对资产造成影响
2	低	资产的保密性要求较低,一旦丢失或泄露会对资产造成轻微影响
1	很低	资产的保密性要求非常低,一旦丢失或泄露会对资产造成的影响可以忽略

　　根据系统资产对所承载业务的影响不同,将其分为5个不同的等级,分别对应系统资产在业务承载性上的不同程度或者资产安全属性被破坏时对业务的影响程度,见表6-10。

表6-10   **系统资产业务承载性赋值表**

赋值	标识	定义
5	很高	资产对于某种业务的影响非常大,其安全属性破坏后可能对业务造成非常严重的损失
4	高	资产对于某种业务的影响比较大,其安全属性破坏后可能对业务造成比较严重的损失
3	中等	资产对于某种业务的影响一般,其安全属性破坏后可能对业务造成中等程度的损失
2	低	资产对于某种业务的影响较低,其安全属性破坏后可能对业务造成较低的损失
1	很低	资产对于某种业务的影响较低,其安全属性破坏后对业务造成很小的损失,甚至忽略不计

系统资产价值应依据资产的可用性(A)赋值、完整性(I)和保密性(C),结合业务承载性(W)进行综合计算,具体方法如下:

假设可用性赋值为A($1 \leqslant A \leqslant 5$),完整性赋值为$I$($1 \leqslant I \leqslant 5$),保密性赋值为$C$($1 \leqslant C \leqslant 5$),业务承载性赋值为$W$($1 \leqslant W \leqslant 5$),资产价值为$V$,则:

$$V = \frac{A+I+C+W}{4}$$

对计算得出的资产价值V,根据表6-11对资产进行等级划分。

表6-11   **系统资产价值等级表**

资产价值V	等级	标识	定义
$4 < V \leqslant 5$	5	很高	综合评价等级为很高,安全属性破坏后对组织造成非常严重的损失
$3 < V \leqslant 4$	4	高	综合评价等级为高,安全属性破坏后对组织造成比较严重的损失
$2 < V \leqslant 3$	3	中等	综合评价等级为中,安全属性破坏后对组织造成中等程度的损失
$1 < V \leqslant 2$	2	低	综合评价等级为低,安全属性破坏后对组织造成较低的损失
$0 < V \leqslant 1$	1	很低	综合评价等级为很低,安全属性破坏后对组织造成很小的损失,甚至忽略不计

现以水质监测系统为例计算资产价值,见表6-12。

表6-12   **水质监测系统资产价值**

所属系统	资产名称	设备型号	用途	资产重要赋值			业务承载性赋值	资产价值V
				C	I	A	W	
水质监测系统	水质监测系统	/	采集水质信息,提供水质监测、数据展示、综合分析、预警提醒、数据交换等功能	5	5	5	5	5

根据资产价值计算公式得出此水质监测系统的资产价值V为5,结合表6-11判定此资产价值等级为很高。

3.系统组件和单元资产识别

系统组件和单元资产应分类识别,包括系统组件、系统单元、人力资源和其他资产,见表6-13。

表6-13　　　　　　　　　　　　　系统组件和单元资产识别表

分类	示例
系统组件	应用系统:用于提供某种业务服务的应用软件集合 应用软件:办公软件、各类工具软件、移动应用软件等 系统软件:操作系统、数据库管理系统、中间件、开发系统、语句包等 支撑平台:支撑系统运行的基础设施平台,如云计算平台、大数据平台等 服务接口:系统对外提供服务以及系统之间的信息共享边界
系统单元	计算机设备:大型机、小型机、服务器、工作站、台式计算机、便携计算机等 存储设备:磁带机、磁盘阵列、磁带、光盘、软盘、移动硬盘等 智能终端设备:感知节点设备(物联网感知终端)、移动终端等 网络设备:路由器、网关、交换机等 传输线路:光纤、双绞线等 安全设备:防火墙、入侵检测/防护系统、防病毒网关、VPN等
人力资源	运维人员:对基础设施、平台、支撑系统、信息系统或数据进行运维的网络管理员、系统管理员等 业务操作人员:对业务系统进行操作的业务人员或管理员等 安全管理人员:安全管理员、安全管理领导小组等 外包服务人员:外包运维人员、外包安全服务或其他外包服务人员等
其他资产	保存在信息媒介上的各种数据资料,源代码、数据库数据、系统文档、运行管理规程、计划、报告、用户手册、各类纸质的文档等 办公设备:打印机、复印机、扫描仪、传真机等 保障设备:Ups、变电设备、空调、保险柜、文件柜、门禁、消防设施等 服务:为了支撑业务、信息系统运行、信息系统安全,采购的服务等 知识产权:版权、专利等

对系统组件和单元资产进行识别后,应依据表6-7至表6-9对资产可用性(A)、完整性(I)、保密性(C)进行赋值。假设资产可用性赋值为A($1{\leqslant}A{\leqslant}5$),完整性赋值为$I$($1{\leqslant}I{\leqslant}5$),保密性赋值为$C$($1{\leqslant}C{\leqslant}5$),资产价值为$V$,则

$$V=\frac{A+I+C}{3}$$

对计算得出的资产价值V,根据表6-14对资产进行等级划分。

表6-14　　　　　　　　　　　　　系统组件和单元资产等级表

资产价值V	等级	标识	定义
$4<V{\leqslant}5$	5	很高	综合评价等级为很高,安全属性破坏后对业务和系统资产造成非常严重的影响
$3<V{\leqslant}4$	4	高	综合评价等级为高,安全属性破坏后对业务和系统资产造成比较严重的影响

续表

资产价值 V	等级	标识	定义
2<V≤3	3	中等	综合评价等级为中等,安全属性破坏后对业务和系统资产造成中等程度的影响
1<V≤2	2	低	综合评价等级为低,安全属性破坏后对业务和系统资产造成较低的影响
0<V≤1	1	很低	综合评价等级为很低,安全属性破坏后对业务和系统资产造成很小的影响,甚至忽略不计

现以水质监测系统中某交换机为例计算资产价值,见表6-15。

表6-15 水质监测系统某交换机资产价值计算举例

所属系统	资产名称	设备型号	用途	资产重要赋值			资产价值 V
				A	I	C	
水质监测系统	交换机	/	设备互联通信	5	5	5	5

根据资产价值计算公式得出此交换机的资产价值 V 为5,结合表6-14判定此资产价值等级为很高。

4.资产识别结果

根据风险评估资产识别与赋值方法,水质监测系统的资产识别与赋值结果如下:

(1)业务资产识别结果

业务资产重要性识别与赋值结果见表6-16。

表6-16 业务资产重要性赋值表

业务名称	业务功能	业务对象	服务范围	覆盖地域	定位	完整性	关联性	关联分析前业务重要性	紧密关联业务	紧密关联业务赋值	业务重要性
水质监测	采集水质信息,提供水质监测、数据展示、综合分析、预警提醒、数据交换等功能	滨海市生态环境局	内部人员及直属机构	全市	属于核心支撑业务	业务独立,整个业务流程明确、清楚	业务与单位其他业务(如滨海市生态环境局内部业务等)关联性较小	5	/	/	5

(2)系统资产识别结果

系统资产识别与赋值结果见表6-17。

表6-17 系统资产价值赋值表

资产名称	所属业务	系统功能	资产价值等级
水质监测系统	核心监测业务	为滨海市生态环境局人员提供水质信息的采集及水质监测、数据展示、综合分析、预警提醒、数据交换等功能	5

（3）系统组件和单元资产识别结果

1）网络设备

网络设备资产识别与赋值结果见表6-18。

表6-18 网络设备资产价值赋值表

所属系统	资产名称	设备型号	用途	资产价值等级
水质监测系统	交换机	/	设备互联通信	5
水质监测系统	负载均衡	/	流量分发、访问控制	4
水质监测系统	……	……	……	……

2）安全设备

安全设备资产识别与赋值结果见表6-19。

表6-19 安全设备资产价值赋值表

所属系统	资产名称	设备型号	用途	资产价值等级
水质监测系统	日志审计系统	/	日志审计和日志备份存	5
水质监测系统	准入设备	/	网络内联行为准入控制	5
水质监测系统	上网行为管理	/	终端上网管理	4
水质监测系统	政务外网边界防火墙	/	内外网边界之间的一道保护屏障	5
水质监测系统	……	……	……	……

3）服务器

服务器资产识别与赋值结果见表6-20。

表6-20 服务器资产价值赋值表

所属系统	资产名称	操作系统/数据库	用途	资产价值等级
水质监测系统	水质监测应用服务器	Windows server 2012	对数据、视频、图片进行收集、汇总,集中展示	5
水质监测系统	……	……	……	……

4）运维终端

运维终端资产识别与赋值结果见表6-21。

表6-21　　　　　　　　　　　　　运维终端资产价值赋值表

所属系统	资产名称	操作系统	用途	资产价值等级
水质监测系统	运维终端	Windows 10	系统运维	2

5）数据库管理系统

数据库资产识别与赋值结果见表6-22。

表6-22　　　　　　　　　　　　　数据库资产价值赋值表

所属系统	软件名称	版本	主要功能	资产价值等级
水质监测系统	RDS数据库	/	数据存储	5

6）业务应用软件

业务应用软件资产识别与赋值结果见表6-23。

表6-23　　　　　　　　　　　　　业务应用软件资产价值赋值表

所属系统	软件名称	主要功能	开发厂商	资产价值等级
水质监测系统	水质监测系统 V1.0	实现水质监测系统范围内的地表水水质在线监测、数据统计与分析、预测预警	滨海市软件开发有限公司	5

7）数据资产

数据资产识别与赋值结果见表6-24。

表6-24　　　　　　　　　　　　　数据资产价值赋值表

所属系统	数据类别	所属业务应用	主要内容	资产价值等级
水质监测系统	鉴别信息	水质监测系统	各类硬件、软件身份鉴别信息	5
水质监测系统	业务数据	水质监测系统	水质监测系统业务数据	5

其他数据资产识别与赋值结果见表6-25。

表6-25　　　　　　　　　　　　　其他数据资产价值赋值表

所属系统	文档名称	主要内容	资产价值等级
水质监测系统	《信息安全管理办法》	网络与信息安全管理工作、目标、安全策略等	3
水质监测系统	《网络账号申请表》	网络资源申请授权审批记录表	3
水质监测系统	《关于调整网络与信息安全工作领导小组成员及责任分工的通知》	明确了领导小组的工作职责	3

续表

所属系统	文档名称	主要内容	资产价值等级
水质监测系统	《岗位工作职责》	明确了部门职责、部门负责人职责及各岗位人员职责	3
水质监测系统	《外联单位联系表》	单位、合作内容、联系人、电话、邮箱等	3
水质监测系统	《网络安全检查表》	检查内容覆盖现有安全技术措施的有效性、安全配置与安全策略的一致性、安全管理制度的执行情况等	3
水质监测系统	《人员安全管理制度》	对人员离岗进行规定	3
水质监测系统	《违规惩戒管理制度》	对违反单位规定的行为进行书面规定,对违反违背安全策略和规定的人员进行惩戒	3
水质监测系统	《第三方网络信息安全管理办法》	内容包括来访出入管理、机房出入管理、网络访问管理等	3
水质监测系统	《水质监测系统总体设计方案》	总体设计方案包括物理安全设计、应用安全设计等	4
水质监测系统	《办公终端使用规范》	主要包括终端使用、用户账号及密码管理、软件使用、防病毒要求等内容	3
水质监测系统	《系统安全测评报告》	WEB应用扫描结果,对可能存在的恶意代码进行检测	4
水质监测系统	《项目实施方案》	培训计划,包括用户培训方案、项目培训准备等	3
水质监测系统	《保密协议》	人员保密约束规定	4
水质监测系统	《资产清单》	包含资产名称、操作系统/数据库、用途、重要程度等内容	3
水质监测系统	《资产安全管理制度》	信息资产的分类及管理等	3
水质监测系统	《介质安全管理制度》	对介质存放环境、纸质文档的使用和处置、介质的归档查询等	3

续表

所属系统	文档名称	主要内容	资产价值等级
水质监测系统	《设备安全管理制度》	明确了维护人员的责任、升级维修和服务的审批等	3
水质监测系统	《办公终端使用规范》	对终端安全管理进行规定	3
水质监测系统	《网络安全管理制度》	网络安全策略、账户管理、配置管理等	3
水质监测系统	《系统安全管理制度》	系统安全策略、账户管理、补丁管理等	3
水质监测系统	《变更管理制度》	变更分类、申请、受理和实施流程等	3
水质监测系统	《恶意代码防范管理制度》	规定外来电子邮件或外部必须交换的移动存储介质,在使用前须进行病毒检查等	3
水质监测系统	《数据备份和恢复管理制度》	对数据的备份方式、备份频率、存储介质和保存期等进行规范	3
水质监测系统	……	……	……

8）人力资源资产

人力资源资产识别与赋值结果见表6-26。

表6-26　　　　　　　　　　　　　人力资源资产赋值表

序号	姓名	所属部门	岗位/角色	联系方式	资产价值等级
1	张三	信息中心	网络安全主管	/	5
2	李四	信息中心	网络管理员	/	4
3	王五	信息中心	安全管理员	/	4
4	李六	信息中心	系统管理员	/	4

6.3.2　威胁识别

风险识别-威胁识别

　　威胁是对组织及其资产构成潜在破坏的可能性因素,是客观存在的。造成威胁的因素可分为人为因素和环境因素。根据威胁的动机,人为因素又可分为恶意和无意两种。环境因素包括自然界不可抗因素和其他物理因素。威胁作用形式可以是对信息系统直接或间接的攻击,例如非授权的泄露、篡改、删除等,在保密性、完整性或可用性等方面造成损害;也可能是偶发的或蓄意的事件。

1.威胁分类

在威胁进行分类前,应识别威胁的来源。威胁来源包括环境、意外和人为三类,见表6-27。

表6-27　　　　　　　　　　　威胁来源

来源	描述
环境	断电、静电、雷电、灰尘、潮湿、温度、鼠蚁虫害、电磁干扰、洪灾、火灾、地震、意外事故等环境危害或自然灾害
意外	非人为因素导致的软件、硬件、数据、通信线路等方面的故障,或者依赖的第三方平台或者信息系统等方面的故障
人为	人为因素导致资产的保密性、完整性和可用性遭到破坏

根据威胁来源的不同,威胁可划分为信息损害和未授权行为等威胁种类,见表6-28。

表6-28　　　　　　　　　　　威胁种类

来源	描述
物理损害	对业务实施或系统运行产生影响的物理损害
自然灾害	自然界中所发生的异常现象,且对业务开展或者系统运行会造成危害的现象和事件
信息损害	对系统或资产中的信息产生破坏、篡改、丢失、盗取等行为
技术失效	信息系统所依赖的软硬件设备不可用
未授权行为	超出权限设置或授权进行操作或者使用的行为
功能损害	造成业务或系统运行的部分功能不可用或者损害
供应链失效	业务或系统所依赖的供应商、接口等不可用

威胁主体依据人为和环境进行区别,人为的威胁主体分为国家、组织团体和个人,环境的威胁主体分为一般的自然灾害、较为严重的自然灾害和严重的自然灾害。

威胁动机是指引导、激发人为威胁进行某种活动,对组织业务、资产产生影响的内部动力和原因。威胁动机可划分为恶意和非恶意,恶意包括攻击、破坏、窃取等,非恶意包括误操作、好奇心等。基于威胁动机的威胁分类方法见表6-29。

表6-29　　　　　　　　　　　威胁动机分类表

来源	描述
恶意	挑战、叛乱、地位、金钱利益、信息销毁、信息非法泄露、未授权的数据更改、勒索、摧毁、非法利用、复仇、政治利益、间谍、获取竞争优势等
非恶意	好奇心、自负、无意的错误和遗漏(例如数据输入错误、编程错误)等

威胁时机可划分为普通时期、特殊时期和自然规律。

威胁出现的频率是衡量威胁严重程度的重要因素,应根据经验和有关的统计数据来进行判断,综合考虑以下四个方面,形成特定评估环节中各种威胁出现的频率:

(1)以往安全事件报告中出现过的威胁及其频率统计。

(2)实际环境中通过检测工具以及各种日志发现的威胁及其频率统计。

(3)实际环境中监测发现的威胁及其频率统计。

(4)近期公开发布的社会或特定行业威胁及其频率统计,以及发布的威胁预警。

2.威胁赋值

威胁赋值应基于威胁行为,依据威胁的行为能力和频率,结合威胁发生的时机,进行综合计算,并设定相应的评价方法进行等级划分,等级越高表示威胁利用脆弱性的可能性越大,威胁赋值等级划分见表6-30。

表6-30   威胁等级表

等级	标识	威胁等级描述
5	很高	根据威胁的行为能力、频率和时机,综合评价等级为很高
4	高	根据威胁的行为能力、频率和时机,综合评价等级为高
3	中等	根据威胁的行为能力、频率和时机,综合评价等级为中
2	低	根据威胁的行为能力、频率和时机,综合评价等级为低
1	很低	根据威胁的行为能力、频率和时机,综合评价等级为很低

威胁能力是指威胁来源完成对组织业务、资产产生影响的活动所具备的资源和综合素质。组织及业务所处的地域和环境决定了威胁的来源、种类、动机,进而决定了威胁的能力;应对威胁能力进行等级划分,级别越高表示威胁能力越强。一种特定威胁行为能力赋值的参考见表6-31。其中,威胁动机对威胁能力有调整作用。

表6-31   特定威胁行为能力赋值表

赋值	标识	描述
3	高	恶意动力高,可调动资源多;严重自然灾害
2	中	恶意动力高,可调动资源少;恶意动力低,可调动资源多;非恶意或意外,可调动资源多;较严重自然灾害
1	低	恶意动力低,可调动资源少;非恶意或意外;一般自然灾害

威胁的种类和资产决定了威胁的行为,威胁行为列表的参考见表6-32。

表6-32 威胁行为、种类、来源对应表

种类	威胁行为	威胁来源
物理损害	火灾、水灾、污染	环境、人为、意外
	重大事故、设备或介质损害、灰尘、腐蚀、冻结、静电、潮湿、温度、鼠蚁虫害等	环境、人为、意外
	电磁辐射、热辐射、电磁脉冲	环境、人为、意外
自然灾害	地震、火山、洪水、气象灾害	环境
信息损害	对阻止干扰信号的拦截、远程嗅探、窃听、设备偷窃、回收或废弃介质的检索、硬件篡改、信息被窃取、个人隐私被入侵、社会工程事件、社会工程学攻击、邮件勒索、数据篡改、恶意代码	人为
技术失效	空调或供水系统故障	人为、意外
	电力供应失去	环境、人为、意外
	外部网络故障	人为、意外
	设备失效、设备故障、软件故障	意外
	信息系统饱和、信息系统可维护性破坏	人为、意外
未授权行为	未授权的设备使用、软件的伪造复制、数据损坏、数据的非法处理	人为
	假冒或盗版软件使用	人为、意外
功能损害	操作失误、维护错误	意外
	网络攻击、权限伪造、行为否认(抵赖)、媒体负面报道	人为
	权限滥用	人为、意外
	人员可用性破坏	环境、人为、意外
	软件缺陷	人为、意外
供应链失效	供应商失效	人为、意外
	第三方运维问题、第三方平台故障、第三方接口故障	人为、意外

基于威胁种类、资产、威胁行为的关联分析表示例见表6-33。

表6-33 　　　　　　　　　　威胁种类、资产、威胁行为的关联分析示例

资产	种类	威胁行为
硬件设备,如服务器、网络设备	硬件故障	设备硬件故障,如服务器损害、网络设备故障
机房	物理环境影响	机房遭受地震、火灾等
信息系统	网络攻击	非授权访问网络资源、非授权访问系统资源等
外包服务人员	人员安全失控	滥用权限非正常修改系统配置或数据,滥用权限泄露秘密信息等
组织形象	网络攻击	媒体负面报道

威胁赋值应基于威胁行为,依据威胁的行为能力和频率,结合威胁发生的时机,进行综合计算,并设定相应的评级方法进行等级划分,等级越高表示威胁利用脆弱性的可能性越大。

以下是威胁行为能力赋值方法,见表6-34。

表6-34 　　　　　　　　　　　　威胁行为能力赋值

赋值	标识	定义
3	高	恶意动力高,可调动资源多;严重自然灾害
2	中	恶意动力高,可调动资源少;恶意动力低,可调动资源多;非恶意或意外,可调动资源多;较严重自然灾害
1	低	恶意动力低,可调动资源少;非恶意或意外;一般自然灾害

威胁出现的频率应进行等级化处理,不同等级分别代表威胁出现频率的高低。等级数值越大,威胁出现的频率越高。威胁的频率应参考组织、行业和区域有关的统计数据进行判断,一种威胁频率的赋值方法见表6-35。其中,威胁时机对威胁频率有调整作用。

表6-35 　　　　　　　　　　　　威胁频率赋值方法

赋值	标识	描述
5	很高	出现的频率很高;或在大多数情况下几乎不可避免;或可以证实经常发生
4	高	出现的频率较高;或在大多数情况下很有可能会发生;或可以证实多次发生过
3	中等	出现的频率中等;或在某种情况下可能会发生;或被证实曾经发生过
2	低	出现的频率较小;或一般不太可能发生;或没有被证实发生过
1	很低	威胁几乎不可能发生;仅可能在非常罕见和例外的情况下发生

以下是威胁时机赋值方法,见表6-36。

表6-36 威胁时机赋值方法

赋值	标识	定义
1	增强	威胁时机处于特殊时期,会增强威胁等级。如国家重大节假日或重大活动时期,会增强境内外敌对势力发动网络攻击的威胁;或威胁时机处于自然规律,且自然规律影响环境威胁,导致增强威胁等级。如汛期,会增强洪水的威胁等级
0	无影响	威胁时机处于普通时期,不会增强或削弱威胁等级;或威胁时机处于自然规律,但自然规律不影响环境威胁,不会增强或削弱威胁等级
-1	削弱	威胁时机处于自然规律,且自然规律影响环境威胁,导致削弱威胁等级。如冬季,会削弱潮湿的威胁等级

基于威胁行为,依据威胁的行为能力和频率,结合威胁发生的时机,对威胁进行综合计算并划分等级。

假设通过威胁识别,发现某类资产面临某类威胁 T,特定威胁行为能力为 P_1,威胁频率为 P_2,威胁时机为 P_3,则:

$$T=(P_1 \times P_2 + P_3)$$

例:假设地震威胁行为能力赋值为1,威胁频率赋值为1,威胁时机赋值为0,则 $T=1$。

根据威胁计算结果进行评级和等级划分的方法见表6-37。

表6-37 根据威胁计算结果进行评级和等级划分的方法

威胁值	等级	标识	定义
$13 \leqslant T \leqslant 16$	5	很高	根据威胁的行为能力、频率和时机,综合评价等级为很高
$10 \leqslant T \leqslant 12$	4	高	根据威胁的行为能力、频率和时机,综合评价等级为高
$7 \leqslant T \leqslant 9$	3	中等	根据威胁的行为能力、频率和时机,综合评价等级为中
$4 \leqslant T \leqslant 6$	2	低	根据威胁的行为能力、频率和时机,综合评价等级为低
$0 \leqslant T \leqslant 3$	1	很低	根据威胁的行为能力、频率和时机,综合评价等级为很低

3. 威胁赋值结果

以下是针对水质监测系统进行威胁等级赋值的结果,见表6-38。

表6-38 水质监测系统威胁等级表

威胁名称	威胁描述	威胁等级
地震	由地震引起的系统故障	1
气象灾害	由台风、大雪等自然灾害引起的系统故障	1
雷电	由雷电引起的系统故障	2

续表

威胁名称	威胁描述	威胁等级
火灾	由火灾引起的系统故障,包括在火灾发生后进行消防工作引起的设备不可用问题	1
水灾	由水灾引起的系统故障,包括在水灾发生后进行消防工作引起的设备不可用问题	1
人员丧失	由于各种原因,如疾病、道路故障、暴动等原因导致人员无法正常工作引起的系统无法使用故障	2
电力故障	由于电力中断、用电波动、供电设备损坏导致信息系统停止运行等导致的系统故障	2
灰尘、尘土	由灰尘超标引起的故障	1
强磁场干扰	由磁暴以及其他强磁场源等干扰引起的故障	1
系统软件故障	由于系统软件故障所产生的问题	3
应用软件故障	由于信息系统应用软件故障所产生的问题	3
软件缺陷	由于软件缺陷导致的安全问题	3
硬件故障	系统由于硬件设备老旧、损坏等造成的无法使用问题	4
通信故障	由于通信故障所产生的问题	2
温度异常	由温度超标引起的故障	2
湿度异常	由湿度超标引起的故障	2
管理制度和策略不完善	由于管理制度或安全策略不完善,导致安全管理无法落实或落实不到位,从而破坏信息系统正常有序运行	2
管理规程缺失	由于管理规程缺失,导致安全管理无法落实或落实不到位,从而破坏信息系统正常有序运行	2
监督控管机制不健全	因为缺乏监督控制机制,导致安全管理无法有效开展,从而破坏信息系统正常有序运行	3
行为抵赖	不承认收到的信息和所作的操作和交易	3
不作为	应该执行而没有执行相应的操作	3
设备或软件被控制或破坏	恶意的控制或破坏设备,以取得机密信息	2
恶意破坏系统设施	对系统设备、存储介质等资产进行恶意破坏	2
误操作	个人失误导致的安全问题	3

续表

威胁名称	威胁描述	威胁等级
拒绝服务攻击	攻击者以一种或者多种损害信息资源访问或使用能力的方式消耗信息系统资源	3
关键员工的离职	由于关键员工的离职造成系统的安全问题	3
在不恰当的人员中讨论敏感文档	由于在不恰当的人员中讨论敏感文档造成的安全问题	2
设备(如笔记本)丢失	导致泄密等安全问题	2
滥用	由于某授权的用户(有意或无意地)执行了他人要执行的举动,可能会发生检测不到的信息系统资产损害	3
非授权访问	未经许可访问不允许被访问的资源	3
口令的暴力攻击	恶意的暴力尝试口令	5
各类软件后门或后门软件	软件预留的后门或其他专门的后门软件带来的信息泄露威胁	2
恶意代码	计算机病毒、蠕虫带来的安全问题	5
非法阅读机密信息	非授权的从办公环境中获得的机密信息或复制数据	2
社会工程学攻击	通过邮件、即时聊天软件、电话、交谈等方式取得内部人员的信任,进而取得机密信息	3
网络攻击	利用工具和技术通过网络对信息系统进行攻击和入侵	5
未经授权将设备连接到网络	未经授权对外开放内部网络或设备	3
密码猜测攻击	对系统账号和口令进行猜测,导致系统中的敏感信息泄漏	5
泄密	系统中的重要信息被泄露	3
篡改	重要信息被篡改	3

6.3.3 安全措施识别

1.安全措施分类

安全措施可以分为预防性安全措施和保护性安全措施两种。预防性安全措施可以降低威胁利用脆弱性导致安全事件发生的可能性,如入侵防御系统;保护性安全措施可以减少安全事件发生后对组织或系统造成的影响,如灾难备份系统。

在识别脆弱性的同时,需要对已采取的安全措施的有效性进行确认,安全措施的确认应评估其有效性，即是否真正地降低了系统的脆弱性，抵御了威胁。应对识别的安全措施进行赋值，见表6-39。

表6-39　　　　　　　　　　　　　　　　安全措施有效性赋值表

赋值	标识	定义
100%	很高	安全措施有效性很高，可阻止某类风险发生，或使风险发生后对组织或系统造成的影响可以忽略
80%	高	安全措施有效性较高，可较大程度降低某类风险发生的可能性，或能大幅降低该风险发生后对组织或系统造成的影响程度
60%	中	安全措施有效性一般，可中等程度降低某类风险发生的可能性，或能一般降低该风险发生后对组织或系统造成的影响程度
40%	低	安全措施有效性较低，可较小程度降低某类风险发生的可能性，或能少许降低该风险发生后对组织或系统造成的影响程度
20%	很低	安全措施有效性非常低，可略微降低某类风险发生的可能性，或略微降低该风险发生后对组织或系统造成的影响程度
0	不适用	无安全措施或安全措施已失效

2.安全措施有效性赋值结果

通过问卷调查、用户访谈、文档查阅、上机检查、技术性测试、实地查看等方式确认水质监测系统现有安全措施的有效性，见表6-40。

表6-40　　　　　　　　　　　安全措施有效性赋值结果表

安全技术措施	赋值
政务外网边界部署防火墙	60%
本地机房部署日志审计系统	60%
本地机房部署准入设备和上网行为管理	60%
通过安全组配置ACL访问控制策略	40%

6.3.4　脆弱性识别

如果脆弱性没有对应的威胁，则无需实施控制措施，但应注意并监视情况是否发生变化。相反，如果威胁没有对应的脆弱性，也不会导致风险。应注意，控制措施的不合理实施、控制措施故障或控制措施的误用本身也是脆弱性。

风险识别-脆弱性识别

脆弱性可从技术和管理两个方面进行审视。技术脆弱性涉及 IT 环境的物理层、网络层、系统层、应用层等各个层面的安全问题或隐患。管理脆弱性又可分为技术管理脆弱性和组织管理脆弱性两方面,前者与具体技术活动相关,后者与管理环境相关。

脆弱性识别可以以资产为核心,针对每一项需要保护的资产,识别可能被威胁利用的脆弱性,并对脆弱性的严重程度进行评估;也可以从物理、网络、系统、应用等层次进行识别,然后与资产、威胁对应起来。脆弱性识别的依据可以是国际或国家安全标准,也可以是行业规范、应用流程的安全要求。对应用在不同环境中的相同的脆弱性,其影响程度是不同的,应从组织安全策略的角度考虑,判断资产的脆弱性被利用难易程度及其影响程度。同时,应识别信息系统所采用的协议、应用流程的完备与否,与其他网络的互联等。

对不同的识别对象,其脆弱性识别的具体要求应参照相应的技术或管理标准实施。一种脆弱性识别内容的参考见表6-41。

表6-41　　　　　　　　　　　脆弱性识别内容表

类型	识别对象	识别方面
技术脆弱性	物理环境	从机房场地、机房防火、机房供配电、机房防静电、机房防雷、电磁防护、通信线路的保护、机房区域保护、机房设备管理等方面进行识别
	网络结构	从网络设计、边界保护、外部访问控制策略、内容访问策略、网络设备安全配置等方面进行识别
	系统软件	从补丁安装、物理保护、用户账户、口令策略、资源共享、事件审计、访问控制、新系统配置、注册表加固、网络安全、系统管理等方面进行识别
	应用中间件	从协议安全、交易完整性、数据完整性等方面进行识别
	应用系统	从审计机制、审计存储、访问控制策略、数据完整性、通信、鉴别机制、密码保护等方面进行识别
管理脆弱性	技术管理	从物理和环境安全、通信域操作管理、访问控制、系统开发与维护、业务连续性等方面进行识别
	组织管理	从安全策略、组织安全、资产分类与控制、人员安全、符合性等方面进行识别

识别脆弱性后,应对其进行赋值。脆弱性赋值包括脆弱性被利用难易程度赋值和脆弱性影响程度赋值。

1. 脆弱性被利用难易程度赋值

脆弱性被利用难易程度赋值需要综合考虑已有安全措施的作用。一般来说,安全措施的使用将降低系统技术或管理上脆弱性被利用的程度,但安全措施确认并不需要和脆弱性识别过程一样具体到每个资产、组件的脆弱性,而是一类具体措施的集合。

依据脆弱性和已有安全措施识别结果,得出脆弱性被利用难易程度,并进行等级化处理,不同的等级代表脆弱性被利用难易程度的高低。等级数值越大,脆弱性越容易被利用。

以下是脆弱性被利用难易程度的赋值和计算方法:

利用脆弱性初始被利用难易程度 Av'、已有相关安全措施有效性 $S(S_1、S_2\cdots S_n)$,可对脆弱性被利用难易程度进行计算。

具体方法如下:

假设某脆弱性初始被利用难易程度为 Av'($1 \leqslant Av' \leqslant 5$),

相关安全措施1有效性赋值为 S_1($0 \leqslant S_1 \leqslant 1$),

相关安全措施2有效性赋值为 S_2($0 \leqslant S_2 \leqslant 1$),

被利用难易程度为 Av,则:

$$Av = Av' \times (1-S_1) \times (1-S_2)$$

脆弱性被利用难易程度等级见表6-42。

表6-42 脆弱性被利用难易程度等级表

难易程度	等级	标识	定义
$4 < Av \leqslant 5$	5	很高	实施了控制措施后,脆弱性仍然很容易被利用
$3 < Av \leqslant 4$	4	高	实施了控制措施后,脆弱性较容易被利用
$2 < Av \leqslant 3$	3	中等	实施了控制措施后,脆弱性被利用难易程度一般
$1 < Av \leqslant 2$	2	低	实施了控制措施后,脆弱性很难被利用
$0 < Av \leqslant 1$	1	很低	实施了控制措施后,脆弱性基本不可能被利用

2.脆弱性影响程度赋值

脆弱性影响程度赋值是指脆弱性被威胁利用导致安全事件发生后对资产价值所造成影响的轻重程度分析并赋值的过程。影响程度赋值需要综合考虑安全事件对资产保密性、完整性和可用性的影响。影响程度赋值采用等级划分处理方式,不同的等级代表对资产影响的高低。等级数值越大,影响程度越高。影响程度的等级见表6-43。

表6-43 影响程度等级表

等级	标识	定义
5	很高	如果脆弱性被威胁利用,将对资产造成特别重大损害
4	高	如果脆弱性被威胁利用,将对资产造成重大损害
3	中等	如果脆弱性被威胁利用,将对资产造成一般损害
2	低	如果脆弱性被威胁利用,将对资产造成较小损害
1	很低	如果脆弱性被威胁利用,对资产造成的损害可以忽略

3.脆弱性赋值结果

通过问卷调查、用户访谈、文档查阅、上机检查、技术性测试、实地查看等方式确认水质监测系统现有脆弱性情况,并进行赋值,见表6-44。

表6-44 脆弱性赋值表

类型	脆弱性描述	相关控制措施	控制措施有效性	脆弱性被利用难易程度等级(Av)	脆弱性影响程度等级(Di)
技术脆弱性	未对管理地址进行限制			3	3
	未配置口令复杂度策略及未定期更换口令	/	/	4	4
	未采用两种或两种以上组合的鉴别技术对用户进行身份鉴别	/	/	2	2
	未关闭135~139、445等安全隐患端口,未关闭不必要的服务,如Server、Print Spooler	通过安全组配置ACL访问控制策略	40%	3	4
	……				
管理脆弱性	未定期对安全管理制度的合理性和适用性进行论证和审定			2	2
	未配备审计管理员			3	3
	未针对不同岗位制订不同的培训计划			2	2
	未制定安全事件管理制度			3	3
	未制定应急预案			4	4
	……				

6.4 风险分析阶段

风险分析

风险分析阶段,风险评估小组应在风险识别基础上开展风险分析,依据风险识别的结果进行风险计算,得到风险值,主要内容为:

(1)根据威胁的能力和频率,以及脆弱性被利用难易程度,计算安全事件发生的可能性;

(2)根据安全事件造成的影响程度和资产价值,计算安全事件发生后对评估对象造成的损失;

(3)根据安全事件发生的可能性以及安全事件发生后造成的损失,计算系统资产面临的风险值；

(4)根据业务所涵盖的系统资产风险值综合计算得出业务风险值。

识别业务并对其重要性 B 赋值、识别系统资产 A 及其业务承载连续性后对资产价值 Va 赋值、识别系统组件和单元资产 C 后对其资产价值 Vc 赋值、识别威胁的能力和频率对其威胁值 T 赋值、识别安全措施和脆弱性后对脆弱性被利用难易程度 Av 和影响程度 Di 赋值，计算安全事件发生的可能性和损失，并进行风险计算。依据《风险评估方法》，本书采用的具体方式如下。

中华经典故事：李白求学——铁杵磨成针

1.计算安全事件发生的可能性

根据威胁赋值及脆弱性被利用难易程度，计算威胁利用脆弱性导致安全事件发生的可能性 L，即：

$L=T*Av$。

例1：水质监测应用服务器威胁类别为非授权访问，T 赋值为3。脆弱性被利用难易程度 Av 赋值为3，则安全事件发生的可能性 L 赋值为9。

例2：水质监测应用服务器威胁类别为网络攻击，T 赋值为5。脆弱性被利用难易程度 Av 赋值为3，则安全事件发生的可能性 L 赋值为15。

2.计算安全事件发生后的损失

根据资产价值及安全事件影响程度，计算安全事件一旦发生后的损失 F，即：

$F= OR(Va,Vc)*Di$。

例3：水质监测应用服务器资产价值 Vc 赋值为5，根据表6-43，Di 赋值为3，则 $F=15$。

例4：水质监测应用服务器资产价值 Vc 赋值为5，根据表6-43，Di 赋值为4，则 $F=20$。

3.计算系统资产风险值

根据计算出的安全事件发生的可能性以及安全事件造成的损失，计算系统资产风险值 R，即：

$R=\sqrt{L \times F}$。

例5：水质监测应用服务器威胁类别为非授权访问，脆弱性为未限制管理地址，根据计算公式 $R=\sqrt{9 \times 15}$，系统资产风险值为11.62。

例6：水质监测应用服务器威胁类别为网络攻击，脆弱性为未关闭135~139、445等安全隐患端口，未关闭不必要的服务，如 Server、Print Spooler。根据计算公式 $R=\sqrt{15 \times 20}$，系统资产风险值为17.32。

4.计算业务风险值

应根据业务所涵盖的系统资产风险综合计算得出业务风险值 Rb，即：

$Rb=(RA1,RA2,\cdots,RAn)*B/5$。

其中，$RA1,R2,\cdots,RAn$ 表示业务所涵盖系统资产的风险值。

例7：水质监测应用服务器威胁类别为非授权访问，脆弱性为未限制管理地址，根据公式 $Rb=(11.62)*5/5$，则 Rb 赋值为11.62。因此水质监测系统应用服务器的业务风险值为11.62。

例8：水质监测应用服务器威胁类别为网络攻击，脆弱性为未关闭135~139、445等安全隐患端口，未关闭不必要的服务，如 Server、Print Spooler。根据公式 $Rb=(17.32)*5/5$，则 Rb

赋值为17.32。因此水质监测系统应用服务器的业务风险值为17.32。

应在风险计算后,对风险进行赋值,填入《系统资产风险分析表》,并编制《风险评估报告》。

6.5 风险评价阶段

风险评价及处置

风险评价包括系统资产风险评价及业务风险评价两方面,均需按照风险评价准则进行等级处理。

6.5.1 系统资产风险评价

根据风险评价准则对系统资产风险计算结果进行等级处理,见表6-45。

表6-45   系统资产风险等级划分表

风险	等级	标识	描述
$20 < R \leqslant 25$	5	很高	风险发生的可能性很高,对系统资产产生很高的影响
$15 < R \leqslant 20$	4	高	风险发生的可能性很高,对系统资产产生中等及高影响 风险发生的可能性高,对系统资产产生高及以上影响 风险发生的可能性中,对系统资产产生很高影响
$10 < R \leqslant 15$	3	中等	风险发生的可能性很高,对系统资产产生低及以下影响 风险发生的可能性高,对系统资产产生中及以下影响 风险发生的可能性中,对系统资产产生高、中、低影响
$5 < R \leqslant 10$	2	低	风险发生的可能性中,对系统资产产生很低影响 风险发生的可能性低,对系统资产产生低及以下影响 风险发生的可能性很低,对系统资产产生中、低影响
$1 < R \leqslant 5$	1	很低	风险发生的可能性很低,发生后对系统资产几乎无影响

6.5.2 业务风险评价

根据风险评价准则对业务风险计算结果进行等级处理,在进行业务风险评价时,主要从社会影响和组织影响两个层面进行分析。社会影响涵盖国家安全,社会秩序,公共利益,公民、法人和其他组织的合法权益等方面;组织影响涵盖职能履行、业务开展、触犯国家法律法规、财产损失等方面。一种基于后果的业务风险等级划分方法见表6-46。

表6-46 业务风险等级划分方法

风险	等级	标识	描述
20<R≤25	5	很高	社会影响： a)对国家安全、社会秩序和公共利益造成影响 b)对公民、法人和其他组织的合法权益造成严重影响 组织影响： a)导致职能无法履行或业务无法开展 b)触犯国家法律法规 c)造成非常严重的财产损失
15<R≤20	4	高	社会影响： 对公民、法人和其他组织的合法权益造成较大影响 组织影响： a)导致职能履行或业务开展受到严重影响 b)造成严重的财产损失
10<R≤15	3	中等	社会影响： 对公民、法人和其他组织的合法权益造成影响 组织影响： a)导致职能履行或业务开展受到影响 b)造成较大的财产损失
5<R≤10	2	低	组织影响： a)导致职能履行或业务开展受到较小影响 b)造成一定的财产损失
1<R≤5	1	很低	组织影响： 造成较少的财产损失

6.5.3 风险评价结果

根据风险分析和风险评价所描述的方法，水质监测应用服务器风险评价结果见表6-47、表6-48。

表6-47 系统资产风险评价表

序号	资产	威胁	脆弱性	安全措施	风险分析	系统资产风险值	风险等级	标识
1	水质监测应用服务器	非授权访问	未对管理地址进行限制	/	未授权用户可能通过远程管理服务登录设备或系统	11.62	3	中

续表

序号	资产	威胁	脆弱性	安全措施	风险分析	系统资产风险值	风险等级	标识
2	水质监测应用服务器	网络攻击	未关闭 135~139、445 等安全隐患端口,未关闭不必要的服务,如 Server、Print Spooler	通过安全组配置 ACL 访问控制策略	多余的服务可能存在安全漏洞,额外增加了系统面临网络攻击的风险	17.32	4	高

表6-48　　　　　　　　　　　　　　业务风险评价表

序号	资产	威胁	脆弱性	安全措施	风险分析	业务风险值	风险等级	标识
1	水质监测应用服务器	非授权访问	未对管理地址进行限制	/	未授权用户可能通过远程管理服务登录设备或系统	11.62	3	中
2	水质监测应用服务器	网络攻击	未关闭 135~139、445 等安全隐患端口,未关闭不必要的服务,如 Server、Print Spooler	通过安全组配置 ACL 访问控制策略	多余的服务可能存在安全漏洞,额外增加了系统面临网络攻击的风险	17.32	4	高

6.6　风险处置

6.6.1　风险处置原则与方式

应对评估发现的风险采取风险处置措施。首先,应制定风险处置原则。将识别出的风险划分为可接受风险和不可接受风险,对于可接受风险,可以选择不进行风险处置;对于不可接受风险,应根据风险等级制订相应的风险处置计划。其次,应采取有效的风险处置方式。风险处置的方式主要有如下四种:

●转移风险:通过采取某种措施,将风险全部或部分转移给第二方或第三方,如买保险、外包。

●规避风险:通过中断可能引起风险的行为而规避该类风险。如对于损坏的硬盘或其他存储设备,不采取外送维修。

●缓解风险:通过加固或优化安全措施来缓解当前面临的风险,如主机、网络加固,网络拓扑优化。

●接受风险:对现有的风险不采取任何措施,选择接受当前风险可能带来的损失。如接受低风险,或由于某种原因接受中、高风险。

6.6.2　风险处置建议

根据风险处置原则、方式,编制《风险处置建议表》,水质监测应用服务器的风险详细处置建议见表6-49、表6-50。

表6-49　　　　　　　　　　中风险处置建议表

序号	资产	脆弱性	风险处置建议
4	水质监测应用服务器	未对管理地址进行限制	限制可远程登录设备或系统的管理终端IP地址,仅允许指定IP地址登录

表6-50　　　　　　　　　　高风险处置建议表

序号	资产	脆弱性	风险处置建议
4	水质监测应用服务器	未关闭135~139、445等安全隐患端口,未关闭不必要的服务,如Server、Print Spooler	加强操作系统的管理,卸载或禁用多余的组件或服务,如Server、Print Spooler等服务。关闭不必要的端口,如445端口

6.7　末次会议

在评估工作完成后,评估方应主持召开与被评估方管理层、职能部门或信息安全负责人的末次会议。会议内容包括:

1)汇报评估工作结果,如工作内容、风险等级、处置建议、工作总结等;

2)确定本次评估活动是否达到预期目标、期望。

参加会议的人员应在《会议签到表》上签字,会议结束后形成《会议纪要》。

6.8　技能与实训

6.8.1　业务资产识别

假设某业务系统所承载的业务类型为网上购物及结账交易等,该业务在规划中极其重要,在发展规划中的业务属性及职能定位层面具有重大影响,在规划的发展目标层面中短期目标或长期目标中占据极其重要的地位。请问该业务重要性应赋值为哪个级别?

6.8.2 风险识别与赋值

某门户网站系统部署在四川某IDC机房中,门户网站应用系统通过防火墙映射端口,提供对外门户网站应用访问,承载了新闻、公告等业务数据。该门户网站系统由相关门户网站应用服务器、数据库、交换机、防火墙等计算机硬件、计算机软件、网络和通信设施组成。

(1)系统资产识别与赋值。请根据该门户网站系统情况识别系统资产,并根据资产的可用性(A)、完整性(I)、保密性(C)、业务承载性(B)进行资产赋值,计算资产价值或称为资产重要程度。

(2)威胁识别与赋值。请识别该门户网站系统相关威胁,并对相关威胁进行赋值。

(3)安全措施识别与有效性赋值。请识别该门户网站系统相关安全措施,并对安全措施的有效性进行赋值。

(4)脆弱性识别。请识别该门户网站系统可能存在的脆弱性,并对脆弱性进行赋值。

6.8.3 风险分析与风险处置

假设某门户网站系统中操作系统口令为弱口令,有可能被网络攻击威胁利用,因此网络管理员在网络边界处对防火墙中的安全策略进行调整,设置了严格的访问控制策略,关闭了不必要的端口和服务。

(1)请问该安全措施的防护策略是否有效?请对该门户网站系统操作系统存在弱口令所造成的风险进行风险分析和风险计算。

(2)请针对操作系统弱口令问题写出具体的风险处置建议。

6.9 拓展阅读

大国工匠之
倪光南院士

学习单元7
信息安全教育与培训

"君子以思患而豫防之",出自《周易·既济》。

知识目标

◆ 了解:信息安全意识教育的重要意义和基本原则。
◆ 熟知:信息安全意识教育的主要流程、内容范畴及教育方法。
◆ 掌握:安全需求调研、宣贯方案编制及宣贯方法选择等落实手段。

能力目标

◆ 会根据不同的对象,开展安全意识调研。
◆ 会根据单位实际情况,开展信息安全意识教育方案编制并选择合适的教育方法进行落实。
◆ 根据单位安全管理制度宣贯的具体要求,编制宣贯方案并有效推行。

素质目标

◆ 通过讲解信息安全意识教育的内容要点,使学生认识到安全操作的重要性,进一步提升其安全意识和规矩意识。
◆ 根据本学习单元的内容特点,在教育和宣贯过程中强调学生综合素质养成,培养学生团队合作和协调沟通等方面的能力。
◆ 通过讲解冰山理论和中华寓言故事,培养学生防患于未然的置前意识和严谨的工作态度。

【学习项目5】员工信息安全意识教育与安全管理制度宣贯

根据滨海市生态环境局安全建设与管理的现状,从员工信息安全意识教育与安全管理制度宣贯两方面进行信息安全教育与培训。

7.1 任务7-1信息安全意识教育

7.1.1 听众调研分析

信息安全教育计划
制定－了解听众情况

1. 信息安全教育的对象

信息安全教育的客体就是它的教育对象,即听众。教育对象的类型、计算机水平、信息安全意识等,都将影响后续教育内容和方法的选择。明确教育对象和听众,了解他们的特点与掌握信息安全知识的程度,是开展信息安全教育的前提。

2. 了解听众安全意识的方法

了解听众安全意识多采用调研来开展,可选方式很多,比如:调查问卷、电话随访、随机抽查等,使用最多的是调查问卷的方式,且以匿名形式开展效果最佳,能够让员工在无顾虑的情况下反映真实想法。

3. 安全意识调研

安全意识调研常见问题涵盖了安全策略中指出的大部分威胁。在调研中选择多少题目、覆盖哪些方面完全取决于你的目标和侧重的方面。但明智的做法是在调研的基础上持续监视安全教育的效果。安全意识调研常见问题举例如下。

例1,下面口令中哪个是最安全的,你为什么这么认为?

- abc123456

- HerculeS

- HRE42pazoL

- $safe456TY

例2,下面哪个是最危险的附件扩展名,你为什么这么认为?

- *.exe

- *.com

- *.bat

- *.vbs

- 以上全部

例3,你的信息安全主管(ISO)决不会给你发送一个应用程序的更新版,但是你刚刚收到了一个,你下一步将怎么做?

- 因为该更新来自security@company.com,是我们ISO的E-mail地址,我会运行它,保持软件最新版本。

- 因安全策略中说明我需要在运行之前扫描附件,所以我会扫描之后运行。

- 我会立即打电话给信息安全主管(ISO)询问更多信息。

例4,你的一个朋友昨晚给你一张多媒体CD,他想在你工作的工作站使用,你准备怎么做?

- 他是我的朋友,决不会给我任何破坏性文件如病毒等,我相信他,这就是我打算立即使用的原因。

- 尽管他是我的朋友,安全策略中说明可移动介质允许使用,但是尽量少使用;我会严格遵守策略,在使用前扫描CD的内容,看看有什么在里面。

- 我将仅在我的个人计算机上查看CD的内容。

例5,信息安全主管(ISO)私下问你要你的口令以便在你的工作站执行更多的安全措施,你将怎么做?

- 没有我的口令他们不能访问工作站,如果是为了提高安全性,我会把口令给他们,因为他们有在单位内维护安全性的职责。

- 我已经让工作站很安全了,所以我不把口令给他们。

- 我不把我的口令告诉别人,即使我的主管试图强迫我说出来,我也会尽可能保护密码安全。

7.1.2 教育方案编制

信息安全教育计划
制定 –制定教育内容

1. 教育内容制定应遵循的信息安全原则

根据ISO17799《信息技术—安全技术—信息安全管理体系实施细则》中定义,对安全管理制度的描述应该集中在三个方面:机密性、完整性和可用性,这三种特性是单位建立安全管理制度的出发点。

(1)机密性

机密性是指信息只能由授权用户访问,其他非授权用户或非授权方式不能访问。

(2)完整性

完整性就是保证信息必须是完整无缺的,信息不能丢失、损坏,只能在授权方式下修改信息。

(3)可用性

可用性是指授权用户在任何时候都可以访问其需要的信息,信息系统在各种意外事故、有意破坏的安全事件中能保持正常运行。

(4)总原则

根据给定的环境,应当向员工明确描述与这些特性相关的信息安全要求,单位的安全管理制度应当以员工熟悉的活动、信息、术语等方式来反映特定环境下的安全目标。

2. 常见的教育内容范畴

(1)信息安全基础

信息是一种资产,就像单位其他重要资产一样,对单位具有很大价值,因此需要受到适当的保护。信息本身是无形的,借助于信息媒体以多种形式存在或传播:①存储在计算机、磁带、纸张等介质中;②存储在人的大脑里;③通过网络、打印机、传真机等方式进行传播。因此,信息资产包括:①计算机和网络中的数据;②硬件、软件、文档资料;③关键人员;④单位提供的服务。

(2)口令安全

用户名与口令是最简单也最常用的身份认证方式,口令是抵御攻击的第一道防线,与个

人隐私息息相关,必须慎重保护。但由于使用不当,口令往往成为最薄弱的安全环节,所以对口令的管理必须保证:

- 妥善保管自己的所有账号,不得随意泄露;
- 不得将自己所拥有的系统账号转借给他人使用;
- 员工之间不得私下互相转让、借用系统账号;
- 在工作岗位调动或离职时,应主动提出注销账号的申请;
- 操作员应记住自己的口令,不应把它记载在公开的媒介上,严禁将密码贴在终端上;
- 输入的口令不应明文显示在显示终端上;
- 确保自己在各应用系统的账户有足够强度的口令;
- 确保自己的账号及口令不泄漏给他人;
- 口令中不得使用容易被猜解出来的常用信息的组合,例如:身份证号码、电话号码、生日以及其他系统已使用的口令等;
- 口令至少每三个月更改一次,口令修改后必须保证与修改前不同。

(3)上网安全防护

上网安全防护主要涉及:①如何安全地下载程序;②无线网络安全措施;③手机 Wi-Fi 的安全措施;④防止网络钓鱼与网络诈骗。因此必须保证:

- 不要登录可疑网站,不要打开或滥发邮件中不可信赖来源或电子邮件所包含的链接,以免被看似合法的恶意链接转往恶意网站;
- 不要通过搜索引擎连接到银行或其他金融机构的网址;
- 打开邮件附件时要提高警惕,不要打开扩展名为".pif"".exe"".bat"".vbs"的附件;
- 以手工方式输入 URL 地址或点击之前已加入书签的链接;
- 避免在咖啡室、图书馆、网吧等场所的公用计算机进行网上银行或财务查询/交易。这些公用计算机可能装有入侵工具或特洛伊程式;
- 在进行网上银行或财务查询/交易时,不要使用浏览器进行其他网上活动或连接其他网址。在完成交易后,切记要打印或留存交易记录或确认通知,以供日后核查。拒绝计算机保存账户和密码;
- 不要通过电子方式给任何机构和个人提供敏感的个人或账户资料;
- 确保电脑安装了最新的补丁和病毒库,以减少欺诈电子邮件或网站利用软件漏洞的机会。

(4)正确地使用软件和系统

1)不要这样做

- 使用盗版软件;
- 对计算机软件进行非授权的复制、分发、使用及反编译;
- 私自停止或卸载防病毒、系统监控、终端管理软件;
- 使用软件未经授权的功能;
- 将公司所有的计算机软件复制或安装在私人电脑上。

2)不要在未经授权的情况下使用以下软件:

- 安全评估工具,例如端口扫描、嗅探器等;
- 网络管理工具,例如网络监听工具、路由命令、IP 地址管理软件等;

●管理员工具,例如用户管理、安全策略工具、终端管理工具等。

3)使用软件中,尽量避免:

●使用聊天工具、外部电子邮件、网络论坛及博客等向外传送公司信息资源;

●使用公司软件从事与工作不相关的活动;

●在公司内部使用一些P2P下载的软件,并下载大量的资料;

●在公司内使用一些开源或免费的软件。

(5)邮件安全

●不当使用电子邮件可能导致法律风险;

●禁止发送或转发反动和非法的邮件内容;

●未经发送人许可,不得转发接收到的邮件;

●不得伪造虚假邮件,不得使用他人账号发送邮件;

●未经许可,不得将属于他人邮件的消息内容拷贝转发;

●与业务相关的邮件应在文件服务器上做妥善备份;

●包含客户信息的邮件应转发主管做备份;

●个人用途的邮件不应干扰工作;

●避免通过邮件发送机密信息,如果需要,应采取必要的加密保护措施。

(6)正确处理计算机病毒

●不要随意下载或安装软件;

●不要接收与打开从邮件或IM(QQ、MSN等)中传来的不明附件;

●不要点击他人发送的不明链接,也不登录不明网站;

●尽量不通过移动介质共享文件;

●开启系统的防火墙功能或给系统安装软件防火墙;

●自动或定期更新操作系统与应用软件的补丁;

●所有计算机必须部署指定的防病毒软件;

●防病毒软件与病毒库必须持续更新;

●感染病毒的计算机必须从网络中隔离(拔除连接的网线)直至清除病毒;

●任何意图在内部网络创建或分发恶意代码的行为都被视为违反安全管理制度;

●发生病毒传播事件时,相关人员应及时向IT管理部门汇报;

●掌握基本的病毒防范和应急处理的知识。

(7)手机安全

●手机用户应通过正规安全的渠道下载官方版软件,可基本保证安全。随着二维码的流行,手机感染病毒风险增大,手机用户不要见码就扫,最好安装具备二维码恶意网址拦截功能的手机安全软件进行防护,可降低二维码染毒风险。

●提升安全意识,对手机异常情况保持敏感度。不要点击收到的不明短信链接。为避免遭受钓鱼网站套取用户网银账号与密码等信息的风险,手机用户可以使用手机安全软件开启恶意网址检测,避免钓鱼网址的攻击欺诈。

●目前针对知名软件的"投影广告"泛滥,若手机用户发现在手机内知名应用内含有莫名的浮窗广告,则说明手机可能已感染"投影广告"类手机病毒,手机用户应当更新病毒库,精准查杀该病毒。

●从正规渠道购买手机或刷ROM包。目前,许多"水货"手机往往在出货前就已经刷机或者内置了各种流氓软件,而这些刷入或内置入ROM的恶意软件包一般很难用常规手段卸载或清除。新买的手机应及时安装手机安全软件,获取Root权限,及时查杀ROM病毒与最新流行病毒。

●目前许多游戏软件疑似二次打包篡改,暗含扣费代码或广告插件,因此手机用户应该对于流量资费的消耗保持敏感度,一旦发现异常,可通过手机安全软件有效查杀病毒或开启广告拦截功能。

(8)数据安全保护与备份

●只访问授权的信息资产;

●使用白板后应立即擦除上面的机密信息;

●含敏感信息的硬盘拷贝和纸质文件应锁在安全的保险柜里;

●打印含敏感信息的文档,打印人必须立即取走打印件;

●发送含敏感信息的电子邮件时建议加密;

●必须使用碎纸机销毁纸质的机密信息;

●必须彻底销毁存有机密信息的电子存储介质(包括:硬盘、U盘、移动硬盘、光盘、软盘、纸等具有存储信息功能的所有介质)。

(9)个人隐私保护

●单位的安全管理制度应包括有关个人数据与隐私保护的要求,各业务单位或部门应根据单位整体的策略在工作流程中加入相关措施来保障这些要求的实现;

●通过培训以及宣传教育等方式培养员工的个人数据与隐私保护意识;

●个人数据与隐私保护过程中充分考虑以各种形式或媒介承载的个人数据,以及涉及这些数据的所有流程,包括业务流程及IT流程;

●对于可能接触到个人信息的内外部合作伙伴或第三方服务供应商,应考虑提出相关的个人信息保护要求,并采取适当的控制措施;

●建立有效的管理流程确保个人信息在每一个处理环节都得到安全保障;

●使用适当的技术手段来保护个人信息;

●建立监控和监督体系确保管理和技术手段的实施;

●通过定期的检查和审计来评估控制的有效性;

●定期对单位的个人数据与隐私保护情况进行评估,根据业务环境和各种法规要求变化做出相应调整,确保控制的长期有效和持续改进。

(10)工作环境及物理安全

●应主动防止陌生人尾随进入办公区域;

●遇到陌生人,要上前主动询问;

●禁止随意放置或丢弃含有敏感信息的纸质文件,废弃文件需用碎纸机粉碎;

●废弃或待消磁介质转交他人时应经IT管理部门消磁处理;

●离开座位时,应将贵重物品、含有机密信息的资料锁入柜中,并对使用的电脑桌面进行锁屏;

●应将复印或打印的资料及时取走;

- 禁止在公共场合谈论公司信息；
- 计算机在UPS保护下保证稳定的电源；
- 保护网络电缆不要暴露；
- 不要将食品和水带入机房；
- 不要将机房门卡借给他人使用；
- 人员出入需要留存记录；
- 不要在机房随意放置杂物；
- 服务器设置BIOS引导口令；
- 数据备份放在专用的恢复数据的地方；
- 把敏感的信息锁在抽屉里；
- 销毁敏感的打印输出和磁带；
- 当离开时请锁住屏幕或注销登录机器；
- 不要把密码或者密码提示写在桌子上；
- 不要与别人共享密码。

7.1.3 教育方法介绍

信息安全教育计划
制订－选择教育方法

1. 教育方法的选择

安全教育要通过各种形式的方法，将信息安全意识融入工作生活中，再配以检测、奖惩等机制，让信息安全意识变得如同呼吸一般必要而自然。

教育方法有多种选择，目前使用最多且效果最好的一个方法即正式与非正式相结合的教育方式。

2. 正式教育方式

正式教育方式是指推行公司官方或正式场合提出的某种方案或颁布实施的相关规章制度，这种带有领导层重视的信息传递，往往容易引起员工的重视。

正式教育方式的优势在于教育资源的集中性，可帮助信息安全教育的信息和指导广泛流传，即使不能辐射所有员工，也可以通过此方式培训大部分人，这将大大节省时间和精力。

3. 非正式教育方式

非正式教育方式即非官方非正式场合提出的间接教育，包括邮件提醒，讨论，通过海报、鼠标垫、杯子等载体发布安全方面的消息，在无形之中潜移默化地提高员工的信息安全意识。

非正式教育方式的优势在于：不以参加会议、听讲座等形式强迫人们接受安全教育，而是通过与他们的日常生活及工作流程息息相关（招贴、鼠标垫等）的方式来实现，更为高效且人性化。

7.2 任务7-2安全管理制度宣贯

安全管理制度宣贯

安全管理制度的正确制定与有效实施对信息安全管理起着非常重要的作用,不仅能促使全员参与保障网络安全的行动,而且能有效降低人为操作失误造成的安全损害。如何对安全管理制度进行有效地宣传和贯彻是一个必不可少而且十分重要的环节,通过制度宣贯,新的制度才能被单位内部员工熟知并内化为自己的行动准则。制度的宣贯是一项系统性工作,以下是制度宣贯方案编制工作开展的通常步骤:

冰山理论

（1）根据不同制度宣贯的具体要求,合理制定制度宣贯实施方案内容。

（2）首先在协同办公平台发布制度,确定相关责任部门、责任人,并要求责任人在规定时间内提报宣贯落实计划。

（3）制度责任部门、责任人要通知本制度涉及的人员,并提出针对制度学习的具体要求。

（4）对于不需要集中宣贯的制度,责任部门要督促涉及的具体人员学习,并严格按照要求执行,如有问题或建议及时沟通。

（5）对于需要集中宣贯的制度,由责任部门、责任人提报需要参训的具体人员、时间安排、地点安排等,形成具体的宣贯培训计划,提报综合管理部门,安排培训及督促培训执行情况。

（6）为了进一步落实确认制度的宣贯培训效果,综合管理部门（制度建设专员）要抽查制度涉及的具体人员,检查内容包括:是否了解该制度、是否按照具体要求去做、是否按照制度的要求形成表单、数据、记录等输出物等。

（7）对于一些重要的制度内容宣贯时,最好有高层管理人员参与,以引起相关人员的重视。

（8）综合管理部门的制度建设人员,在参与制度宣贯培训时,要对培训的内容再次强调,并明确未来检查的标准,以便督促制度的有效执行。

另外,在宣贯工作中,要注重对宣贯成效的监督和检查,以确保制度宣贯能起到应有的作用。对于宣贯工作不扎实、宣贯成效不明显的单位或部门,要重点督促以确保宣贯的成效。

7.2.1 安全需求调研

1.调研方法

常用的安全需求调研方法形式多样,主要有以下几种。

（1）直接访谈:通过与宣贯对象交谈、提问的方式获取需求,这是最常用的调研方式。可适当抽取单位各部门、各岗位的员工群体,对单位主要的安全管理制度进行有针对性的提问和交流,可比较直观地反映出员工对制度的熟悉程度。

（2）调查问卷:采用纸质、电子的调查问卷等。可面向单位全体员工,进行全域覆盖,开展深度调研,全面掌握单位各项安全管理制度的落实情况。调研问卷内容可包括员工岗位信息、相关安全管理制度考题、部门安全管理制度执行情况、部门安全管理制度宣传情况、采取的宣贯方式建议等。

(3)实地了解：现场了解宣贯对象工作场所、工作流程和工作习惯等。可前往单位各部门进行实地考察，针对部门对不同安全管理制度的执行情况进行针对性了解，对安全管理制度宣贯需求进行查漏补缺。

2.调研内容

调研内容应围绕单位配备的安全管理制度（见表4-21安全管理制度清单）及其内容组成，不仅要掌握员工对制度整体情况的了解，更要掌握员工在不同岗位上的安全管理制度熟悉现状。

7.2.2 宣贯方案编制

制度的宣贯，需要制定完备的实施方案，并且要有针对性地对宣贯结果进行审核与评估，这样的制度宣贯过程才是完整、有效的。实施方案主要包括以下几方面。

1.主要目的

阐明本次宣贯工作需要达成的主要目标，制度出台下发是为了得到有效的遵守、实施，只有做好制度的宣贯工作，建立健全制度宣贯体系，才能使员工了解、熟悉、掌握制度的内容，进而强化员工的制度观念和制度管理意识，最终实现制度化管理。

2.总体思路

阐明本次宣贯工作的整体思路，建立分级分层、集散相结合的制度宣贯方式。针对重要制度，单位相关人员、部门、岗位要进行统一学习、共同研究讨论，进而由学习人员进行二级转化，达到制度相关人员人人必知、人人皆知、人人遵守的效果；针对一般性制度，则直接进行相应的分散学习，各自学习、熟悉、掌握与自己相关的内容，树立制度学习指导实践，实践验证制度的思想，宣贯过程中必须与实际现状相结合，进行针对性学习。

3.各类制度宣贯方法、流程及要求

确定要进行宣贯的制度对象，根据制度的类型和层级，分类采取适宜的方法和流程。一般可根据部门实际情况选择宣贯方式，如OA系统网上公告，宣传栏张贴，公示，传阅（标识重点），会签，专题学习，宣讲（案例分析、总结交流），专题考核（专题试卷考核、目标考核），随机提问，知识竞赛，意见收集等方式。流程一般包括：宣贯计划制订，宣贯前准备、安排，宣贯效果调查、跟踪、验证等。

4.各类宣贯总结及资料归档

每次宣贯后，应对当次制度宣贯成效进行总结；对制度宣贯所产生的各类资料，记录（如宣贯计划、宣贯课件、宣贯问答记录、意见征询、效果测试等）进行归集、存档，作为制度建设工作成效的依据。

5.宣贯效果检查、评价

通过宣贯前后的意见征集、效果测试对宣贯的成果进行验证、评价，以便进一步纠正；通过定期检查，予以情况记录，并定期通报。

7.2.3 宣贯方法

安全管理制度宣贯最有效的方法是通过对员工的适当培训来提高员工的安全意识和遵守

安全管理制度的自觉性。在安全管理制度的宣传与贯彻过程中,要注意下面三个方面的问题。

1.选择适合的形式

以最适合的形式将安全管理制度的内容和宣传材料传达给员工,如果员工不知道安全管理制度的存在或者不理解其内容,再好的制度也没有用。各项安全管理制度须明确员工在保护单位信息资产的过程中所承担的角色和任务。通过安全管理制度的普及,员工了解安全管理制度的存在并理解制度的内容,明确实现单位安全目标的责任和违反安全管理制度的后果。

安全宣贯可选择的手段包括纸介质、计算机文档等,注意在提供内容的同时提供目录、索引和搜索机制,以帮助员工更快发现所需的信息。这样做的好处是:

(1)员工可以立刻得到最新的安全管理制度;

(2)员工可通过熟悉的界面学习安全管理制度;

(3)员工通过计算机学习安全管理制度,可以提高效率。

2.选择合适的推进手段

不管安全管理制度设计得多好,制定得多周密,如果员工不知道这些制度,这些制度将毫无用处。因此,如果能请最高管理者颁布安全管理制度,无疑是一个好的选择。除此之外,还有一些好的手段可供考虑:

(1)设置一些几十分钟的内部培训课程。

(2)将安全管理制度发布在单位内部的网站上。

(3)建立信息安全网站。

建立信息安全网站需要注意的是,这个网站是完全分离、独立的站点还是已经存在的公司内部网站的一部分或附属。有时需要考虑建立两个分离的站点,一个仅供员工从公司内网访问的内部站点,一个所有人在任何地方都可以访问的外部站点。当然有各种不同的选项和需要考虑的要点,比如是否需要所有人都能访问,或者是否需要口令保护它和/或为它设置一个特殊的服务端口,外部站点的内容是否可见或可公布给外界。

网站必须清晰且容易浏览和操控,不要放成千上万的文件和技术文章。只需要提供由信息安全主管写的特殊文章,关于员工在使用公司系统和处理敏感数据时可能面临的信息安全的普遍问题,教会员工如何识别问题、报告和处理事故。

(4)向单位的员工发送宣传安全管理制度的邮件。

一个有趣而高效地吸引和教育员工的方式无疑是用电子邮件发送安全时事。建立安全时事通信的主旨是让员工有兴趣理解安全策略的要点。安全时事通信举例如下。

1)重要事件通知

包括即将举行的会议、讨论、讲座信息和关于即将举行的安全意识教育培训中的活动信息。

2)安全小文章

注意要保持文章简要且易于理解,给员工提供动态的教育方式。

这一类的文章包括以下方面。

●口令安全:讨论口令的重要性和保护公司数据的关键作用,怎样恰当维护用户名和口令、口令建立和维护的最佳实践等。

●可接受的互联网使用方式:讨论由互联网带来的潜在风险和员工(安全)浏览网站时要注意的事情,如何恰当使用电子邮件以降低传播恶意代码的风险。

●为什么我们会成为攻击目标:讨论不同攻击者的动机,让员工更好地理解在公司内执行恰当的安全防护方法的重要性。

●在保护公司中你的作用:员工可以随意想象其认为合适的许多场景。

3)安全小词典

将各种安全术语以非技术的、易于理解的方式进行解释形成安全小词典。

通常的安全主题包括"什么是木马""什么是蠕虫"和"什么是防火墙",以及许多其他定义为有用和"必须知道"的文章。

4)安全资源

一般包含一个或两个小段的新闻,内容是易于理解的信息安全的一个方面,目的是帮助员工理解安全意识教育的重要性,一般是最新的安全事件新闻。

5)联系方式

确保在每个问题的开始和结束处留下信息安全主管的详细联系方式,以便员工知道在遇到问题时应该联系谁。

(5)建立内部安全热线,回答员工关于安全管理制度的问题。

制定和推行安全管理制度需要付出大量的努力,也是一个持续性的工作,需要起草和更新标准、对员工进行培训、测评不同部门安全管理制度的遵从程度等。但是,一个单位一旦建立并执行了安全管理制度,这个单位的信息安全问题就成为其日常业务工作的一部分,信息安全工作也就走向了制度化。

3.制度宣贯的保障

在安全管理制度推行的过程中,定期检查与审计是对制度宣贯效果的验证手段,便于对后续制度推行进行进一步的调整和完善,充分保障安全管理制度的落实质量。

在微观层面,可以对员工采用培训和定期检查相结合的方式,比如检查员工是否每个月改变口令,是否每天晚上都锁上自己的抽屉,是否使用屏幕保护程序,如果单位对员工的约束力较弱,就应该建立自动的口令变化强制机制并强制执行屏幕保护程序等。

在宏观层面,可以定期审核与审计检查各级管理者是否执行和遵守了单位的安全管理制度、标准和规程。所谓审计是对记录和活动进行独立检查,保证符合已经制定的策略和操作规程,并且提出改进意见。

审核与审计,即检查信息系统是否符合安全实现标准,检查运营系统的硬件和软件是否正确,检测系统的脆弱性和安全控制的有效性是否能够阻止由于脆弱性引起的非授权访问等。审计工作的几个重要因素包括:

(1)审计日志

审计日志是记录系统数据修改细节的计算机文件,需要时会在系统恢复事件中使用,多数商业系统都支持审计日志。使用审计日志虽然会增加一些系统开销,但是可以审核和掌握所有的系统活动,了解哪些用户在什么时候对哪些文件执行了哪些操作等详细情况。

(2)审计痕迹

审计痕迹是一条或者一系列系统记录,通过这些记录可以准确识别由计算机执行的处理,并且验证数据修改是否真实发生,包括创建和授权这些修改的细节。

(3)安全审计的内容和范围

1)内容

●保证信息和资源的完整性、保密性和可用性;

- 调查可能的安全事故保证,检查是否与《×××单位安全管理制度》一致;
- 以适当方式监视用户和系统的活动。

2)检查范围

- 对所有计算机和通信设备的用户级和系统级访问;
- 对所有设备或者以单位名义产生、传送或者储存的信息的访问;
- 对工作区域(实验室、办公室、休息室、存储区等)的访问;
- 对单位网络的网络数据、日志和监控信息的访问。

(4)现场检查

根据检查需要,按照规程对记录单位日常活动的凭单、记录或者其他文件进行现场检查。

总体来说,建立安全管理制度只是第一步,如果制度得不到执行,就没有任何作用。安全管理制度本身没有威严,单位管理层的支持才是决定成败的关键因素。所以,在制定安全管理制度的时候应有一个安全与效率的平衡,掌握这个平衡对于获得管理层的全力支持非常重要。

7.3　技能与实训

1.新远集团的信息部门通过日常检查、现场调研和网络巡查发现,近一个月集团内部频繁出现许多信息安全问题,例如:办公场所中员工办公桌暴露工作账户和密码便利贴;集团网络出现卡顿,检查后发现有员工使用P2P下载软件;上班时间频繁出现访问不安全网址和打开隐患链接、多点登录工作账户等情况。针对这些现象,你作为信息部门的工作人员,该如何做? 如何进一步提高集团员工的安全意识?

2.新远集团的行政部门新修订了《网络安全管理制度》《账户权限、口令管理制度》和《安全事件报告和处置》,你作为承担这几项制度出台的工作人员,负责新制度落实的宣贯工作,请撰写合适的宣贯方案,帮助集团把制度宣传到人、落实到位。

7.4　拓展阅读

中华寓言故事——
防患于未然

参考文献

[1]郭启全.信息安全等级保护政策培训教程(2016版)[M].1版.北京:电子工业出版社,2016.

[2]李劲,张再武,陈佳阳.网络安全等级保护2.0[M].1版.北京:人民邮电出版社,2021.

[3]公安部信息安全等级保护评估中心.网络安全等级测评师培训教材(初级)2021版[M].1版.北京:电子工业出版社,2021.

[4]公安部信息安全等级保护评估中心.网络安全等级测评师培训教材(中级)2022版[M].1版.北京:电子工业出版社,2022.

[5]郭启全主编;陈广勇,马力,曲洁,祝国邦等编著.网络安全等级保护基本要求(通用要求部分)应用指南[M].1版.北京:电子工业出版社,2022.